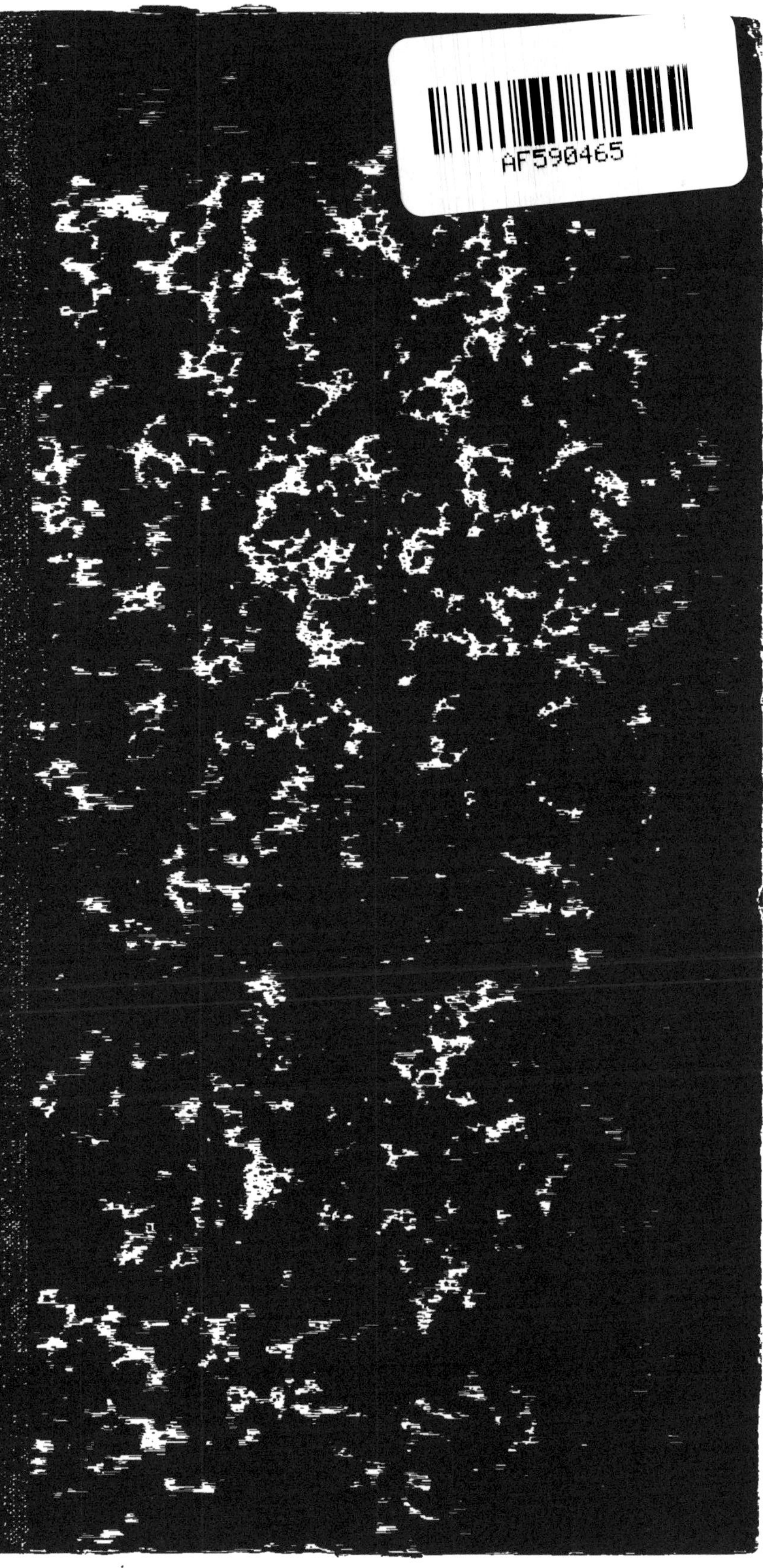

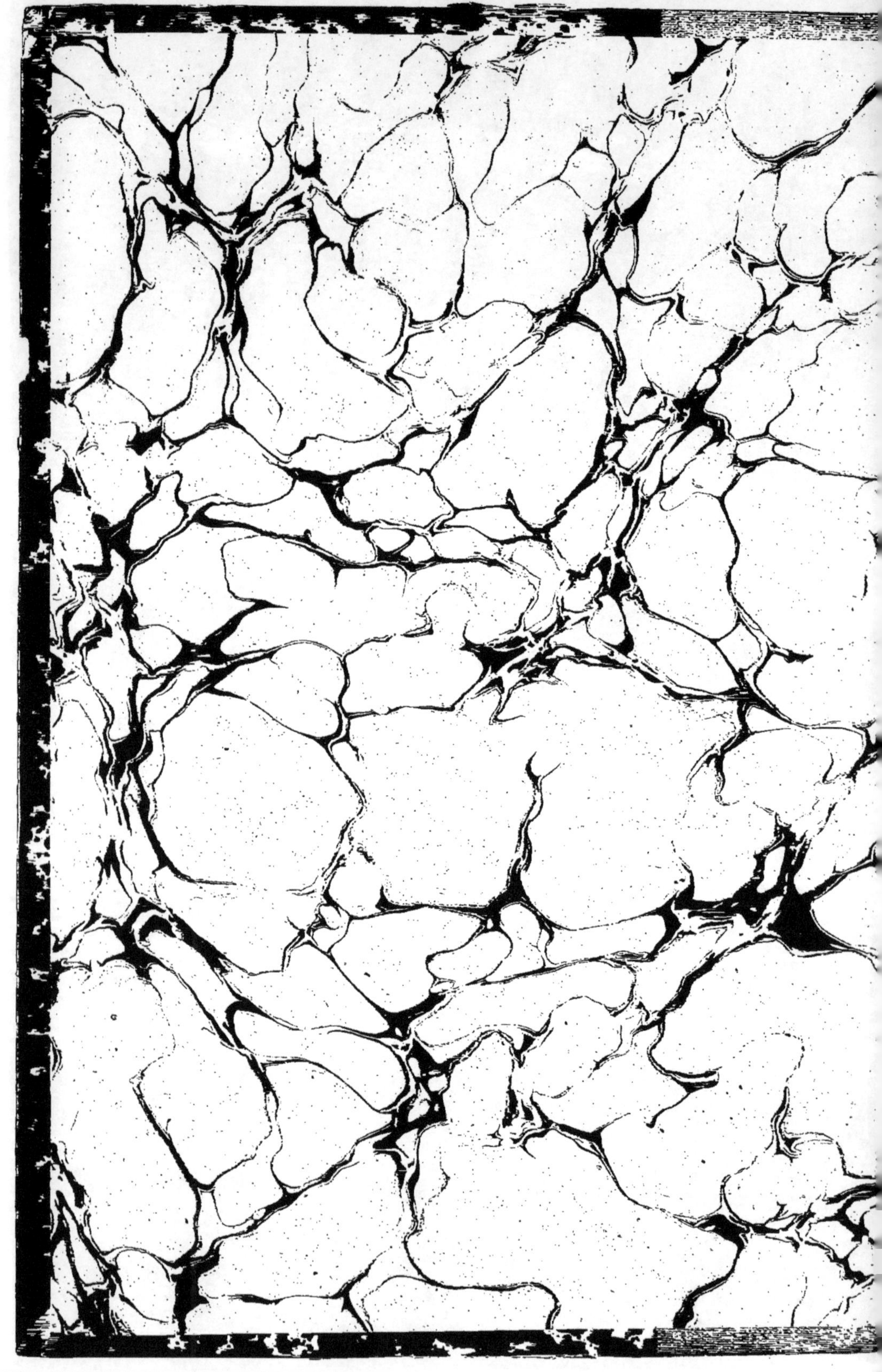

LE

CAOUTCHOUC

EN

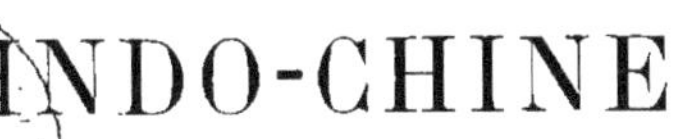

INDO-CHINE

Étude Botanique
Industrielle et Commerciale

PAR

Camille SPIRE
MÉDECIN-MAJOR DES TROUPES COLONIALES
DOCTEUR ÈS SCIENCES NATURELLES
CHARGÉ DE MISSION EN INDO-CHINE

André SPIRE
SECRÉTAIRE GÉNÉRAL
DE L'ASSOCIATION CAOUTCHOUTIFÈRE
CHARGÉ DE MISSION EN AFRIQUE OCC^le^

PARIS
AUGUSTIN CHALLAMEL, ÉDITEUR
RUE JACOB, 17
Librairie maritime et coloniale.

—

1906

LE CAOUTCHOUC
EN INDO-CHINE

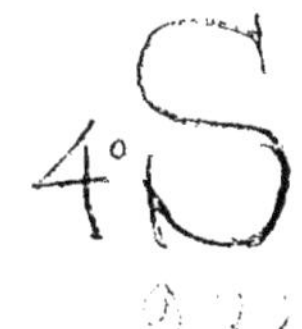

DU MÊME AUTEUR

Des lianes indo-chinoises, Bulletin économique d'Indo-Chine, n° 12, déc. 1902.
— — Journal d'agriculture tropicale, n° 26, 31 août 1903.

Notes sur la gutta-percha, Bulletin économique d'Indo-Chine, n° 17, mai 1903.
— — Revue des Cultures coloniales, 5 et 20 août 1903.

Des arbres fruitiers à Java, Revue coloniale du Ministère des Colonies, n° 4, août 1901.

Contribution à la flore du Congo français, Journal d'Agriculture pratique des pays chauds, oct. 1901.

Étude sur le castilloa elastica aux Indes néerlandaises, Journal d'Agriculture pratique des pays chauds, juin 1902.

Des parasites des caféiers en Nouvelle-Calédonie, Journal d'Agriculture pratique des pays chauds, déc. 1903.

Contribution à l'étude des Apocynées. Thèse du doctorat ès sciences naturelles. Challamel, avr. 1905.

Rapport géologique sur les régions comprises entre le Sangha et l'Atlantique (Congo français), Revue coloniale du Ministère des Colonies, n° 23 nov. 1900.

Sur la préparation d'une exploitation économique et commerciale, Rapport au Congrès international de Géographie. Paris, Soc. de Géographie commerciale, 8, rue de Tournon.

Les écoles de médecine indigènes. Compte rendu à la Section de médecine et d'hygiène coloniale au Congrès colonial, mai 1904.

Du Lupus lingual. Thèse pour le doctorat de médecine. Bordeaux, Cassignol, 1905.

Notes médicales sur le Haut-Oubanghui, Archives d'hygiène et de médecine coloniale, sept. 1902.

Rapport médical de la mission Fourneau, Archives d'hygiène et de médecine coloniale, sept. 1902.

Notes sur le service médical dans l'armée coloniale néerlandaise, Archives d'hygiène et de médecine coloniale, déc. 1901.

Géographie médicale du Tranninh, Archives d'hygiène et de médecine coloniale, sept. 1904.

Essais sur la thérapeutique et la matière médicale laotienne. Paris, Challamel, 1906.

MACON, PROTAT FRÈRES, IMPRIMEURS.

LE

CAOUTCHOUC

EN

INDO-CHINE

Étude Botanique
Industrielle et Commerciale

PAR

Camille SPIRE
MÉDECIN MAJOR DES TROUPES COLONIALES
DOCTEUR ÈS SCIENCES NATURELLES
CHARGÉ DE MISSION EN INDO-CHINE

André SPIRE
SECRÉTAIRE GÉNÉRAL
DE L'ASSOCIATION CAOUTCHOUTIFÈRE
CHARGÉ DE MISSION EN AFRIQUE OCC[le]

PARIS
AUGUSTIN CHALLAMEL, ÉDITEUR
RUE JACOB, 17
Librairie maritime et coloniale.

—

1906

INDOCHINE FRANÇAISE
Echelle
CHINE
YUNNAN
KOUANG SI
KOUANG TOUNG
TONKIN
HANOI
GOLFE DU TONKIN
HAÏ NAN
Luang Prabang
Tran Ninh
Vinh
Hatinh
Xieng Mai
Vieng Tian
ZONE D'INFLUENCE FRANÇAISE
BANGKOK
Pak Nam
Korat
Battambang
Siem Reap
CAMBODGE
PNOM PENH
Kampot
GOLFE DE SIAM
I. Phuquoc
Rach Gia
SAÏGON
C. St Jacques
Poulo Condore
Cap Cameau
Hué
Tourane
Quang Nam
Qui Nhon
Cap Varella
Nha Trang
Binh Thuan
Chantaboun
Isthme de Kra
BIRMANIE ANGLAISE
Thanh Hoa
Nam Dinh
Ninh Binh
Lang Son
Pak Hoi
I. Ké Bao
Hai Phong
Cao Bang
Lao Kay
My Hoa
Quang Tri
Savannakhet
Oubon
Bassac
Stung Treng
Kratié
Pursat
Kong
Khong
Sedang
Paknampo
Raheng
Xieng Khouang
Hoi Hao
Lei Tchéou
Kampot
Ou Tchéou
98° E de Paris
100°
102°
104°
106°
108°
10°
12°
14°
16°
18°
20°
22°
24°

PRÉFACE

Mise au point de la question de l'origine botanique du caoutchouc indo-chinois et de la valeur économique des lianes qui le produisent, tel est le programme très vaste que nous avons tenté d'embrasser dans ce travail.

Il est probable que l'exploration de certaines contrées ignorées botaniquement, comme les forêts du Haut-Tonkin, viendra grossir encore l'inventaire des essences caoutchoutifères susceptibles de produire un bon latex. Je crois, toutefois, que nous connaissons maintenant toutes les espèces d'Apocynées exploitées dans les provinces de grande production, l'Annam et le Laos en particulier.

Nous avons mis à contribution les travaux de nos prédécesseurs, l'excellent rapport de l'inspecteur de milice Breugnot, les notes de M. Quintaret, l'ouvrage sur les caoutchoucs de M. Jumelle; enfin, nous avons revu avec le plus grand soin tous les articles parus pendant ces dernières années dans le *Bulletin économique de l'Indo-Chine*, et en particulier les rapports très documentés de MM. Achard et Vernet.

J'ai confié la partie commerciale et industrielle de cette étude à mon frère, M. A. Spire, secrétaire général de l'Association Caoutchoutière. Sa situation d'importateur, ses nombreux voyages ou missions lui donnaient, sur ce sujet, une compétence toute spéciale. Pour la question chimique, nous avons mis à contribution la complaisance inépuisable de M. Lamy Torrilhon, administrateur directeur des établissements et celle de M. Worms, ingénieur directeur à l'usine Edeline. Qu'ils nous permettent de leur en exprimer toute notre reconnaissance.

Je suis heureux de remercier aussi tous mes amis d'Indo-Chine qui ont si largement contribué à la réussite des deux missions que m'ont confiées successivement M. Doumer et M. Beau ; tout d'abord, M. Capus, directeur de l'Agriculture, dont je n'oublierai jamais l'affectueuse sollicitude.

M. Gaudel, le R. P. Guignard, Morin, Grand, M. Fornerod et enfin M. Ganesco, qui, par leur chaleureuse hospitalité, ont largement facilité mes voyages d'études, et par les conseils puisés dans leur vieille expérience du pays m'ont permis d'obtenir des résultats que je n'osais espérer à mon départ d'Hanoï.

A notre retour en France, M. Pierre au Muséum et M. le professeur Perrot à l'École supérieure de pharmacie ont bien voulu diriger nos recherches botaniques et histologiques, qu'ils veuillent bien accepter encore l'expression de notre plus sincère reconnaissance.

INTRODUCTION

La première partie de notre travail comprend l'étude botanique et histologique des lianes à caoutchouc indo-chinoises.

Il n'est point nécessaire, croyons-nous, d'insister sur l'importance que présentait, et pour l'exploitation directe et pour les essais de culture, la spécification scientifique de nos plantes à latex. L'impossibilité de se fier aux noms indigènes variant avec les localités, les peuplades, rendait ce catalogue absolument nécessaire. Nous avons repris, du reste, en grande partie, pour ce premier chapitre, l'étude que nous avons présentée cette année même à la Sorbonne, comme sujet de thèse pour le doctorat ès sciences naturelles.

Nous avons, intentionnellement, donné toutes les descriptions histologiques permettant de différencier entre elles les différentes plantes productrices de caoutchouc, avec des matériaux d'herbier très restreints : feuilles, jeunes tiges, graines.

Les botanistes qui, comme nous, se sont heurtés, dans la brousse, aux mille difficultés que présente la recherche des fleurs d'Apocynées, petites, fugitives, ne fleurissant qu'à la cime des arbres, ou des fruits, pour la plupart verdâtres, presque impossibles à distinguer dans la masse des feuillages, comprendront pourquoi, d'accord avec M. Capus, nous avons spécialement porté notre attention sur ces éléments de diagnose.

Nous avons ajouté à la description de ces lianes, pour la plupart nouvelles, celle des espèces déjà connues botaniquement, mais que nous avons retrouvées au cours de notre voyage, tant en Annam qu'au Laos et dans le Bas-Tonkin.

Dans le deuxième chapitre, le lecteur trouvera tous les renseignements concernant la distribution géographique des principales espèces de lianes, du moins dans les provinces parcourues par les botanistes. Aidé surtout par les observations tirées des rapports de MM. Achard et Vernet, j'ai essayé de tracer dans leurs grandes lignes les conditions de végétation des lianes bonnes productrices de gomme.

Ce sont les analyses de leurs différents latex recueillis pendant mon voyage, qui constituent, avec l'étude industrielle du caoutchouc indo-chinois, le sujet du troisième chapitre écrit en collaboration avec mon frère.

Comment le précieux produit est exploité à l'heure actuelle par les indigènes et les colons européens ? Quels sont les modifications à apporter dans cette exploitation primitive ? Que peut-on attendre du traitement des écorces et de la culture rationnelle des lianes autochtones ou des espèces arborescentes de l'Annam ou du Brésil ? Telles sont les questions envisagées longuement dans la 4e partie.

Dans le cinquième et dernier chapitre, mon frère a passé en revue toute l'histoire de la conquête commerciale de l'Annam et du Laos. Il a cherché à réunir tous les renseignements concernant les mouvements d'exportation, les procédés de négoces coloniaux et européens, et signalé enfin tous les efforts tentés par l'Administration indo-chinoise pour la sauvegarde et l'augmentation des richesses forestières de notre grande colonie d'Extrême-Orient.

En collaboration, nous avons, dans une étude sommaire, établi un petit guide du colon, qui pourra, nous l'espérons, rendre quelques services, au début de leur existence coloniale, aux jeunes employés que les grandes maisons de Saïgon, d'Hanoï et de Vinh éparpillent, actuellement, à la recherche du caoutchouc, dans les postes lointains du Laos, du Tonkin et de la chaîne annamitique.

LES

PLANTES A CAOUTCHOUC

DE L'INDO-CHINE

PREMIÈRE PARTIE

ÉTUDE BOTANIQUE

Les lianes indo-chinoises nouvelles ou peu étudiées dont nous allons entreprendre l'étude systématique et anatomique appartiennent pour la plupart aux Échitidés. C'est dans cette tribu que se rangent les deux groupements les plus importants de notre herbier. Le premier constitué par les genres *Parabarium*, *Aganonerion* et *Xylinibaria* qui se rapprochent beaucoup des genres anciens *Ecdysanthera*, *Parameria*, *Urceola*, *Chavanesia* et *Micrechites* forment un groupement dont nous essayerons de montrer l'homogénéité. De l'analyse des nombreuses espèces de *Chonemorpha*, *Amalocalyx* et *Nouettea* récoltées au Laos ressort également la possibilité d'une réunion rationnelle de ces genres.

Nous avons renvoyé à la fin de notre travail les descriptions morphologiques externes et internes des *Melodinus* et *Bousigonia*; quoique les auteurs placent généralement la tribu des Plumeroides dans laquelle rentre la sous-tribu des Melodinées au début de l'étude systématique des Apocynées.

Pour l'étude de chaque groupement, nous avons adopté la même méthode descriptive : 1° caractères systématiques du genre ; 2° études géographique, morphologique et anatomique des espèces laotiennes.

I

Genre ECDYSANTHERA

Hook. et Arn. *Bot. Beech*, Voy. 198, t. 42.
Bentham et Hook, f. 11, 714.
A. DC., *Prodr.*, VIII, 442.

Le genre *Ecdysanthera* près duquel se placent les trois genres indo-chinois nouveaux : *Parabarium*, *Aganonerion* et *Xylinabaria*, présente les caractères suivants :

Fleur. — 5 sépales imbriqués lancéolés, pourvus à leur base de squames alternes. Corolle subcampanulée à lobes à peine plus courts que le tube se recouvrant à droite. 5 étamines insérées au 1/4 inférieur du tube, à filet presque nul. 5 anthères oblongues subobtuses, pourvues de 4 valves : les 2 internes fertiles, les 2 externes stériles terminées en bas par un appendice obtus et écarté. Disque entier, atteignant à peu près le milieu de l'ovaire. Carpelles distincts, plans convexes, velus au sommet, terminés par un style très court, renflé et surmonté de 2 petits lobes stigmatiques. Ovules disposées en 6 séries de 5.

Fruit. — Follicules divergents, subhorizontaux, atténués aux deux extrémités et linéaires oblongs. Exocarpe charnu, endocarpe excessivement mince et crustacé. Graine elliptique oblongue comprimée, atténuée aux deux extrémités, poilue, marquée d'un hile n'atteignant pas le sommet, surmonté d'un coma (aigrette) plus long que la graine elle-même.

ECDYSANTHERA ROSEA. A. DC.

Khua Som Lom (Liane aux feuilles aigres).

Spire, Col. n° 6.

Cette liane semble connue sous ce nom par tous les Laotiens du Tranninh, du Mékong et du Cammon. Ces feuilles cuites pendant

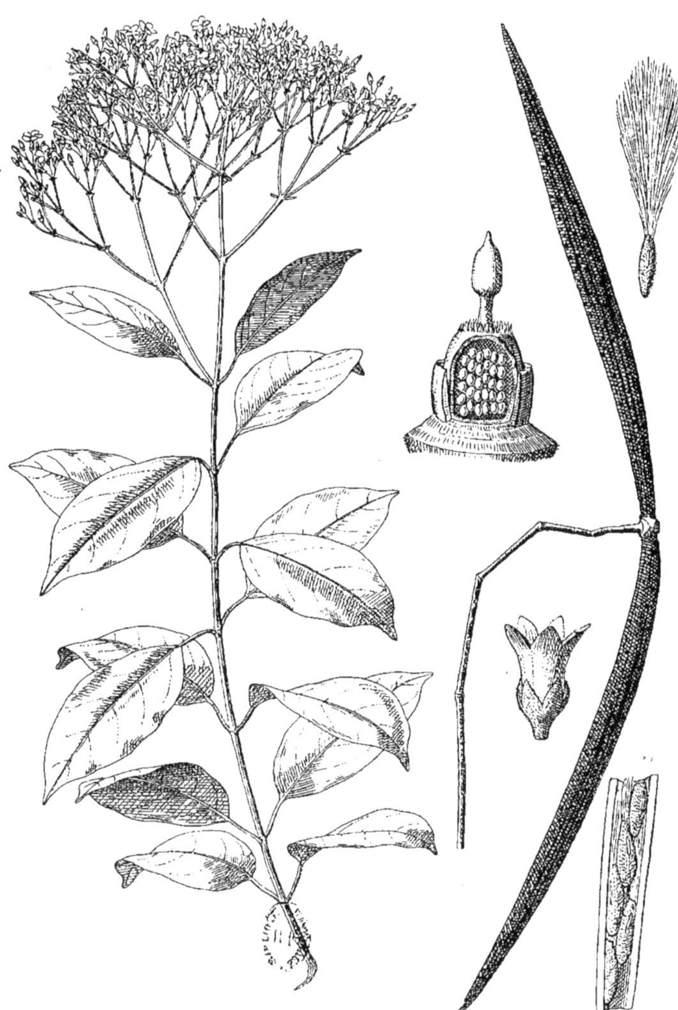

Ecdysanthera rosea Hook. et Arn.
Khua som lom.

quelques minutes dans l'eau bouillante servent de condiment au riz, base de l'alimentation. La saveur acidule de ce légume est très agréable, même pour l'Européen. Les fruits sont également recherchés pour leur comestibilité par les enfants laotiens.

Son ère d'habitat est extrêmement vaste. Nous l'avons trouvée en effet sur le Song Ca, à Cua Rao, où elle était en pleine floraison en mai ; au Tranninh, où la floraison semblait encore durer en juillet-août ; au Cammon, où nous avons pu en recueillir les fruits adultes en septembre. Elle semble se plaire également à toutes les altitudes et dans les différentes expositions. Il nous a été donné de la rencontrer au sommet de la chaine annamite à Hatray et, d'autre part, dans des vallées chaudes et humides comme celles du Song Ca, du Mékong, entre Borikan et Paksan, où l'avait déjà signalée M. Leblévec.

C'est une liane robuste qui peut atteindre jusqu'à 10 à 12 centimètres de diamètre, s'élevant très haut quand elle rencontre un arbre tuteur de fortes dimensions et jetant alors autour de la cime une note plus claire par ses fleurs d'un rose tendre, ses feuilles d'un vert très brillant.

Son écorce est noirâtre, parsemée de lenticelles plus claires.

Les caractères botaniques de cette espèce étant donnés dans A. de Candolle, *Prod.*, VIII-442 et Bentham, *Flora Hongkongensis*, 222, nous insisterons seulement sur l'étude histologique de cette liane.

CARACTÈRES ANATOMIQUES :

Tige. — Épiderme à cellules tabulaires, poils courts, coniques, unicellulaires ; suber sous-épidermique peu développé et parenchyme cortical réduit. Péricycle contenant des îlots de fibres très allongées à parois épaisses, à lumen très petit mais restant cellulosique. Le liber externe est formé de cellules criblées isolées qui recouvrent un bois en anneau continu. Cet anneau est constitué par un prosenchyme fibreux à parois épaisses et des vaisseaux disposés en files radiales de quatre à six éléments à parois étroites. Les rayons médullaires traversant l'anneau ligneux sont formés de cellules allongées à parois très lignifiées. Le liber interne d'un volume double du liber normal est constitué par des éléments identiques, mais cette fois plus petits et plus serrés. La moelle est formée de cellules hexagonales présentant entre elles de petits méats triangulaires disposés régulièrement, ce qui donne à cette partie de la coupe un aspect caractéristique. L'oxalate de calcium en cristaux clinorhombiques est abondant dans la moelle et les deux libers.

Les laticifères sont répartis irrégulièrement dans la moelle et le liber interne.

Pétiole. — Système vasculaire en arc ouvert, aux extrémité duquel se trouvent deux petits faisceaux libéro-ligneux à structure concentrique, dont le bois est réduit à une ou deux trachées. C'est la plus grande réduction de ces faisceaux accessoires que nous ayons rencontrée dans toute la série étudiée.

Feuille. — Nervure centrale peu marquée, occupée au centre par un arc libéro-ligneux très ouvert, unique. L'épiderme de la face supérieure mamelonnée possède une cuticule peu épaisse. La face inférieure est recouverte par un épiderme fréquemment pourvu de poils. Mésophylle bifacial avec une seule rangée de cellules palissadiques à peine différenciées, et un parenchyme peu lacuneux renfermant quelques cristaux d'oxalate de calcium rares, le plus souvent groupés en mâcles volumineuses ; ce dernier ayant une hauteur égale au tiers de la largeur totale du limbe.

Que l'on s'adresse au pétiole ou à la feuille, les laticifères sont peu nombreux. Ils se retrouvent dans les deux libers.

Pédoncule floral. — Structure analogue à celle de la tige, sauf la réduction du bois et l'allongement des poils épidermiques.

Fruit. — Épicarpe représenté par une quinzaine de cellules arrondies où se développent les faisceaux libéro-ligneux constitués par six à sept trachées entourées par un parenchyme collenchymateux, à fines cellules non ondulées à la périphérie duquel se montrent les groupes de tubes criblés. Mésocarpe à cellules étroites disposées en cercles entourant de grosses poches à gomme qui donnent à cette partie du fruit son aspect lacuneux. Endocarpe composé uniquement de fibres lignifiées, entrecroisées dans tous les sens.

Laticifères dans l'épicarpe et la partie externe du mésocarpe.

Graine. — Épiderme formé de très grosses cellules ne présentant ni lignification, ni épaississement des parois, mais s'allongeant presque toujours pour former des poils volumineux. Raphé peu étendu. Albumen constitué par des cellules à parois minces.

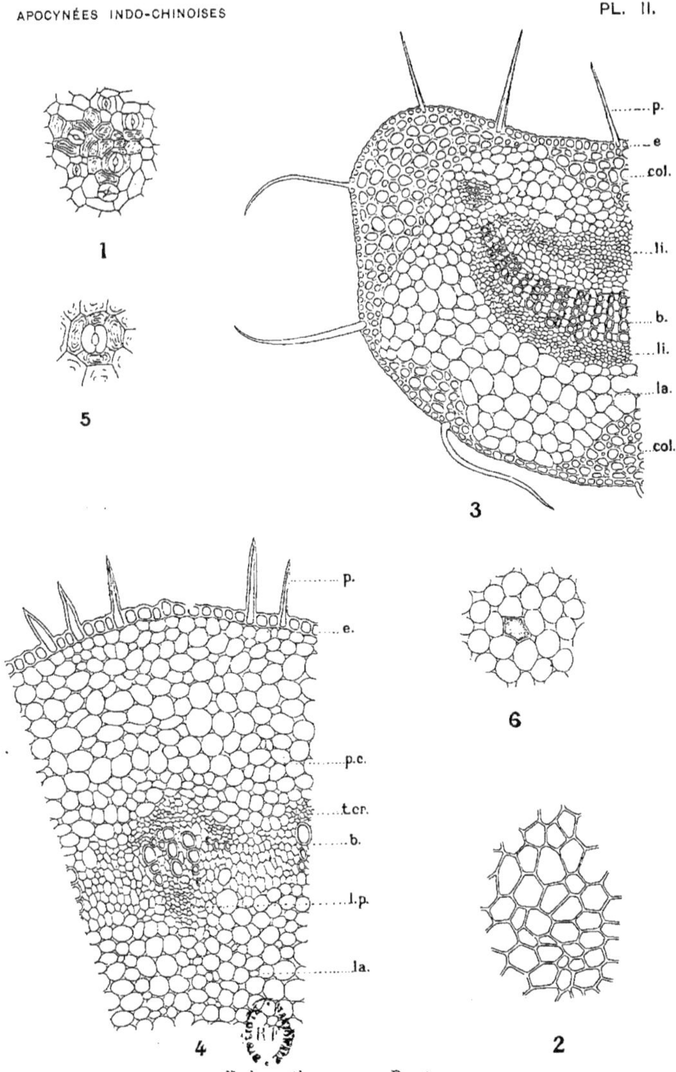

Ecdysanthera rosea BENTHAM.

1, Épiderme inférieur de la feuille. — 2, Épiderme supérieur. — 3, Pétiole. — 4, Pédoncule floral. — 5. Stomate et cellules annexes. — 6. Laticifère : *p.*, poil ; *e.*, épiderme ; *p. c.*, parenchyme cortical ; *col.*, collenchyme ; *t. cr.*, tubes criblés ; *li.*, liber ; *l. p.*, liber périmédullaire ; *b.*, bois ; *l*, laticifère.

II

GENRE PARABARIUM PIERRE

Sépales unies à leur base, imbriquées, atteignant la moitié du tube de la corolle, le plus souvent dépourvues de squames glanduleuses.

Corolle urcéolée à lobes enveloppant à droite, à bord gauche appendiculé.

Anthères semblables à celles des *Ecdysanthera* et *Urceola*, inserrées tout près de la base du tube et atteignant son sommet.

Disque fortement lobé, recouvrant à peine la moitié des carpelles. Style presque sessile, renflé brusquement en une massue portant 5 sillons glanduleux et terminée par 2 petits lobes.

Carpelles très légèrement enfoncées dans le réceptacle portant 4 rangées d'ovules.

Follicules sessiles, divariqués, horizontaux, ovales oblongs à peine atténuées à la base, à extrémité le plus souvent aiguë, dirigée soit en haut, soit en bas. Exocarpe charnu. — Endocarpe osseux très épais.

Graine identique à celle de l'*Ecdysanthera* et de l'*Urceola*.

Quelques mots tout d'abord sur les dénominations indigènes des lianes appartenant à ce genre. Un terme domine, c'est celui de Khua mak Khao ngua, lianes à cornes de bœuf, terme générique que mentionnent tous les auteurs.

En 1898, JUMELLE [1] le signale dans une étude sur les plantes à caoutchouc.

En 1899, GRÉLOT [2] cite également cette liane parmi les plantes indo-chinoises encore indéterminées.

Dans une note d'octobre 1901, M. le Dr HEIM [3] donne la descrip-

1. JUMELLE. *Plantes à caoutchouc*. Paris, Challamel, 1898.
2. GRÉLOT, *Origine botanique du Caoutchouc et Gutta*. Nancy, 1899.
3. Dr HEIM, *Notes de botanique pure et appliquée*, Octave Doin, 1901.

tion d'un fruit reçu sous ce nom, fruit qu'il identifie à celui de l'*Ecdysanthera micrantha*.

Même conclusion basée également sur le fruit décrit par M. JUMELLE [1]. *Revue des Cultures coloniales*, 5 juillet 1901.

C'est enfin encore à l'*Ecdysanthera micrantha*, que M. QUINTARET [2] rapporte en 1902, les échantillons de feuilles et de fleurs recueillis dans le Bas-Laos, à Napé et à Ponthane.

Cette détermination est contestée par M. PIERRE [3], qui fait du Mak Khao ngoua de Napé une espèce nouvelle, l'*Ecdysanthera Quintareti*. Dans la même note, ce savant crée l'espèce *Ecdysanthera Tournieri*, pour le Khua mak Khao ngoua du Tranninh, signalé dans la notice du colonel TOURNIER. Cette dernière espèce est voisine du *Parabarium Hookeri* Pierre, qui a été distribuée par le Musée de Kew sous le nom d'*Ecdysanthera brachiata*, et qui provient des montagnes de Sikkim et de Khasia.

M. ACHARD, dans le *Bulletin économique de la Direction d'agriculture d'Indo-Chine*, donne en février 1902, les résultats de sa mission botanique au Laos. Il signale au Tranninh deux variétés caoutchoutifères : le Khua mak sang Khao deng et le Khin mak duei Kay. Le premier fournissant du caoutchouc rouge ; le deuxième du caoutchouc blanc.

Dans une note du *Bulletin de l'Indo-Chine*, n° 12, M. MACÉ, résident à Inboun, signale la présence du Khua mak Khao ngoua à Muong hiem, dans le territoire des Huaphans, dans les cantons de Muong lap et Sung Khao.

En avril 1903, dès le début de notre mission au Laos, l'identification absolue du Khua mak Khao ngoua nous parut de suite très difficile. Impossible, en effet, de se baser sur la traduction littérale du mot laotien, car très abondants sont les fruits en double follicule, simulant plus ou moins exactement une paire de cornes. Montant par le Song Ma, dès notre arrivée à Cua Rao, les indigènes, et surtout le chef annamite déjà mis au courant de recherches de ce genre par les travaux effectués auparavant par M. BREUGNOT, commandant du poste, et le R. P. GUIGNARD, me signalaient trois espèces de Khao ngoua complètement différents et par leurs feuilles et par leurs fruits. D'autre part, les Pouthays envoyés dans la montagne me

1. JUMELLE, *Revue des Cultures coloniales*, 5 juillet 1901.
2. QUINTARET, *Communication à l'Académie des Sciences*, 17 févr. 1902.
3. PIERRE, *Revue des Cultures coloniales*, 20 octobre 1902.

rapportaient des branches fleuries de ce *Parabarium*, sous le nom de Khua yang lam. Ils semblaient, du reste, ignorer complètement le nom de Mak Khao ngoua. Au début, tout au moins, car, plus tard, avec l'esprit de soumission et de flatterie de tout Jaune, croyant me faire plaisir, on me fit voir ces mêmes lianes qui, cette fois, devinrent des lianes à fruits de cornes de bœuf, des Khao ngoua. Ce nom devient tout à fait inconnu dès qu'on arrive au Tranninh, à Xieng Kouang, qui a fourni, en 1903, les 2/3 du caoutchouc laotien, les lianes s'appellent toutes « Mak sang Khua », et l'espèce la plus exploitée est sans contredit celle que nous étudions tout d'abord, « le Mak sang Khua deng (rouge) », soit que l'écorce soit rougeâtre, soit plutôt que le caoutchouc récolté proprement ait une coloration chair. Sur l'identité absolue de cette liane, aucun doute dans tout le Tranninh. Les échantillons récoltés tant par moi que par les Pouthays ou les Méos, nous ont toujours été présentés sous ce nom ; nombre d'indigènes semblaient le connaître encore dans le Haut Mékong, à Luang Prabang et à Vien tiane.

Plus tard, dans le Cammon, les indigènes de Banbo, qui me furent et des guides et des collecteurs précieux, distinguaient le Mak sang Khua deng du Khao ngoua. Les feuilles du premier étaient plus longues que celles du second, son latex coagulait aussi plus vite. Et cependant les échantillons recueillis par eux ou avec eux ne semblaient pas correspondre à leurs dires. Plus tard seulement, en revenant à Cua Rao, le R. P. Guignard me remettait une série d'échantillons collectés sous le nom de « Yang lam neo » (liane à écorce mince), dont la description concordait admirablement avec celle de Khao ngoua, récoltée par M. Quintaret, dans le Cammon, espèce que M. Pierre sépare du *Parabarium micrantha* et classe comme *Parabarium Quintareti*,

A l'heure actuelle, tant dans notre herbier personnel que dans celui de M. Pierre, treize espèces de *Parabarium* sont représentés par des échantillons presque complets.

1° Le *Parabarium Tournieri* Pierre et sa variété *Guignardi* Pierre, qui, par son fruit et par quelques différences foliaires, diffère un peu de l'espèce décrite en 1902 par M. Pierre. Ces lianes sont connues dans tout le Tranninh et sur le Mékong sous le nom de Mak sang Khua deng.

2° Le *Parabarium latifolium* Pierre, très proche du *Parabarium Tournieri*, mais nettement distinct par la pubescence de ses feuilles.

Son ère de végétation semble limitée au plateau de Tranninh, où il est connu sous le nom de « Mak sang Kohn ». (Liane à feuilles poilues).

3° Le *Parabarium Spireanum* Pierre, trouvé sur les bords du Song Ma, et qui doit exister probablement sur tout le versant oriental de la Chaîne Annamitique, le « Yang lam mop ». Liane à caoutchouc coagulant par cuisson, liane à écorce épaisse, par opposition au suivant.

4° Le *Parabarium Quintareti* Pierre, apporté de Napè par M. Quintaret, sous le nom de Khao ngoua, et connu dans la haute province de Vinh à Cahn trap et Cua Rao sous le nom de « Yang lam nieu », liane à caoutchouc coagulant par cuisson. Liane à écorce mince.

5° Le *Parabarium Verneti* Pierre, le Mak sang Khua dam du plateau du Tranninh, dont le nom (dam noir) provient de la coloration brun noirâtre de l'écorce.

6° Le *Parabarium napeense* Pierre (Jumelle), publié par M. Quintaret sous le nom de Micrechites napeensis Quint.

7° *Parabarium Cambodiense* Pierre, qui se rapproche beaucoup du *P. Candollei.*

8° Le *Parabariun linocarpum* Pierre, décrit par erreur sous le nom d'*Ecdysanthera linearicarpa* [1].

9° Le *Parabarium Candollei* Pierre, recueilli par Balansa, dans le Haut Tonkin.

10° Le *Parabarium micrantha* (Wall) Pierre = *Echites micrantha* Wall. Cat. 1667 = *Ecdysanthera micrantha* A. DC., *Prod.* VIII, p. 442.

11° Le *Parabarium brachiatum* (Wall) Pierre = *Echites brachiata* Wall. Cat. 1668 = *Ecdysanthera brachiata* A. DC.

12° Le *Parabarium Hookeri* Pierre = *Ecdysanthera brachiata* non A. D C.

13° Enfin le *Parabarium? Godefroyana* Pierre, espèce cultivée dans les serres de M. Godefroy, à Paris, de graines de Khuâ mak Khao ngoua provenant du Laos.

Ces *Parabarium* forment, au point de vue industriel, le genre le plus intéressant parmi les Apocynées indo-chinoises, puisqu'il fournit à lui seul la plus grande partie du caoutchouc commercial exporté par notre colonie d'Extrême-Orient.

1. *Revue des Cult. coloniales*, XI, p. 223, oct. 1902.

PARABARIUM TOURNIERI Pierre

SPIRE, Herb., n° 1.

Décrit en 1902 par M. PIERRE sous le nom d'*Ecdysanthera Tournieri*[1].

Cette espèce se distingue de toutes les espèces de *Parabarium* connues par ses grandes feuilles linéaires oblongues, pourvues de 8 à 10 paires de nervures secondaires, par ses longs panicules, par le tube de sa corolle pubescente en dedans, et par ses follicules longs de 9 à 11 centimètres, ovales oblongs, très atténués et recourbés à leur extrémité.

Il diffère en particulier de l'*Ecdysanthera micrantha*, auquel le rattachaient MM. JUMELLE et QUINTARET, par la forme de ses feuilles linéaires et non ovales-lancéolées. Elles sont plus grandes du double, possèdent 8 paires de nervures secondaires au lieu de 2 à 5. Pubescence de l'inflorescence et des jeunes rameaux qui manque chez l'E. *micrantha*, qui également n'a pas de poils glanduleux à l'intérieur du tube de la corolle suburcéolée.

Différence également dans la grandeur des fruits et du coma des graines. Enfin, chez ces dernières, l'albumen corné très réduit chez *micrantha* est au contraire abondant dans le *Parabarium Tournieri*.

En résumé, c'est une liane ligneuse s'enroulant généralement de droite à gauche, à écorce grisâtre épaisse, s'élevant dès qu'elle trouve un arbre tuteur de forte dimension à une hauteur considérable et développant alors ses rameaux foli- et florifères à la cime même de ces arbres.

Habitat : Dans la chaîne annamitique, province de Vinh, sur la rive gauche de la vallée du Nam non vers Nam Hi et Huoi Ven, ainsi que dans tout le Sam To, d'après M. BREUGNOT. Plus au sud, dans le Cammon et le Kam Keut, dans les montagnes entourant Napé, Phon thane, en particulier aux environs du col d'Hatray. Son maximum de peuplement semble être le plateau du Tranninh. Sur toutes les hauteurs dominant les vallées du Haut Song Ma, du Nam Kan et du Nam San, elles deviennent l'espèce de lianes caout-

1. *Revue des Cultures coloniales*, 20 octobre 1902.

choutifères la plus abondante. On en retrouverait également, d'après les renseignements qui nous ont été communiqués par les indigènes de Luang Prabang dans le Haut Mékong, à Muong Sing et Xieng Kong. J'en ai pu recueillir moi-même sur les bords du Mékong moyen vers Pak Inboum.

Description botanique. — Inflorescence en panicule corymbiforme. Pédicelle velu. Bouton de forme ovoïde non acuminé. Calice très petit, à sépales imbriqués, obtus, à face externe villeuse, à face interne portant à la base une couronne complète de glandes.

Corolle infundibuliforme courte, jaune crème, velue sur la face interne à lobes se recouvrant à droite dans le bouton.

5 étamines insérées à la base du tube corollaire, filets courts aplatis, réunis entre eux à leur base par une couronne de poils, anthères ovales, obtuses au sommet, prolongées à leur base par deux cornes divergentes. Loges polliniques occupant la partie supérieure des anthères, très courtes, appliquées sans adhérence sur la partie supérieure du style.

Disque, 5 dents obtuses.

Style court, caduc, stigmate conique, renflé à la base.

Carpelles distincts, contenant chacun 14 à 20 ovules sur 2 rangées ; ils sont surmontés d'un plateau pileux.

Fruit. — Double follicule horizontal, corniculé légèrement, recourbé à ses extrémités, lisse avec quelques lenticelles, vert à l'état jeune, brunissant après maturité avant l'éclatement.

Péricarpe épais, comestible pour les indigènes.

Endocarpe mince, ligneux.

Gros placenta ventral subligneux, proéminent dans la cavité du fruit, irrégulier.

Graines nombreuses, comprimées, à section triangulaire, obtuses aux extrémités, pourvues d'une pubescence serrée, veloutée, fauve ; longue aigrette caduques d'un blanc soyeux.

Embryon, à cotylédons foliacés, ovales, minces, égalant en longueur la radicule.

Albumen ayant la même épaisseur que l'embryon.

Tige. — Velue sur ses rameaux jeunes portant des feuilles opposées.

Feuilles ovales-lancéolées, acuminées au sommet, de 20 à 24 centimètres de longueur sur 4 cent. à 5 cent. 5 de largeur, à pétiole court, 1 cent. 5 environ, embrassant la tige ; 7 à 8 paires de nervures secondaires et des nervures tertiaires très nettement parallèles.

La floraison doit varier avec les expositions et les altitudes. J'ai pu recueillir en juillet 1902 à Xieng Kouang de nombreux rameaux, portant des fleurs et ayant encore des fruits de la saison précédente.

En janvier 1903, dans les mêmes localités, il me fut permis de retrouver sans difficulté la même abondance de fleurs, avec cette fois des fruits jeunes, immatures.

A noter sur le Mak sang Khua deng et sur cette liane seule l'abondance des fruits avortés et la présence de nombreuses galles, aussi bien à Phon Thane qu'à Xieng Kouang.

D'après M. Pierre, il y aurait lieu de créer pour le Mak sang Khua deng une variété à « feuilles plus grandes et plus larges, ayant 7 à 8 nervures secondaires. Follicules lisses mais portant des côtes sur chaque face, terminés par des extrémités épaisses, obtuses et très peu recourbées ».

Cet auteur a désigné cette variété sous le nom *P. Tournieri*, var. *Guignardi*.

Description anatomique :

Tige. — Cylindrique. Épiderme à cellules cubiques dont les parois externes sont légèrement lignifiées ; poils serrés, très courts, lignifiés, coniques, parfois mucronés, unicellulaires. Les tiges âgées ont une assise subéro-phellodermique soit immédiatement sous l'épiderme, soit séparée de ce dernier par deux ou trois rangées de cellules. Suber à trois couches de cellules à parois minces, phelloderme très réduit. Le parenchyme cortical occupant 1/5 de l'épaisseur de la tige est formé de cellules inégales, à parois minces, légèrement ondulées, disposées en quinconce, laissant entre elles des méats très réduits.

Région péricyclique non différenciée, pourvue de cellules scléreuses isolées, hexagonales, à lumen étroit, à zones concentriques, parfois canaliculées et lignifiées très profondément. Le liber externe est formé de cellules lâches contenant des tubes criblés petits et en îlots sporadiques. A la périphérie, à cheval sur le liber et le péricycle, existent deux zones de fibres hexagonales, légèrement lignifiées mais d'une lignification moins avancée que celle des cellules scléreuses péricycliques. Le liber périmédullaire est trois fois moins développé que le liber normal dont il possède la constitution, à l'exception toutefois des fibres. Le cambium à éléments serrés, disposés radialement, sépare le liber d'un bois en anneau continu. Ce bois est constitué par un parenchyme lignifié à éléments petits entourant des vaisseaux hexagonaux à parois minces réunis en groupements très espacés. Le liber normal pénètre dans le corps ligneux et lui donne du côté externe un aspect cannelé, tandis qu'il conserve son aspect régulier du côté du liber périmédullaire. La moelle assez développée est constituée par des cellules semblables à celles du parenchyme cortical, mais lignifiées et renfermant parfois des prismes clinorhombiques d'oxalate de calcium.

Les laticifères hexagonaux, à parois très épaisses, peu abondants sous l'épiderme, deviennent plus nombreux dans le liber normal, davantage encore dans la moelle, sans pénétrer jamais dans le liber périmédullaire.

Pédoncule floral. — Même structure que dans la tige, mais avec réduction du cylindre ligneux et disparition des cristaux d'oxalate de calcium. Les îlots de fibres libériennes à peine lignifiées à grand lumen se sont réunis en un seul cercle que les rayons médullaires divisent par sections égales. Près de la fleur, le pédoncule prend une constitution encore plus simple. Les fibres diminuent et même disparaissent, et le cylindre libéro-ligneux est extrêmement réduit.

Les laticifères existent au voisinage des deux régions libériennes. Ils diminuent de nombre et de diamètre à mesure que l'on gagne les parties supérieures de l'inflorescence. On ne les rencontre jamais dans le parenchyme cortical.

Pétiole. — Constitution analogue à celle de la nervure médiane de la feuille, mais l'arc libéro-ligneux est divisé en trois segments, un gros et deux petits annulaires.

Feuille. — Épiderme glabre; hypoderme à cellules larges, à parois latérales ondulées. Le limbe présente une seule rangée de cellules en palissade occupant le 1/4 de l'épaisseur totale du limbe; le reste du mésophylle est très peu lacuneux. La nervure centrale présente un parenchyme cortical très développé, collenchymateux à la partie inférieure, occupé au centre par un arc ligneux très

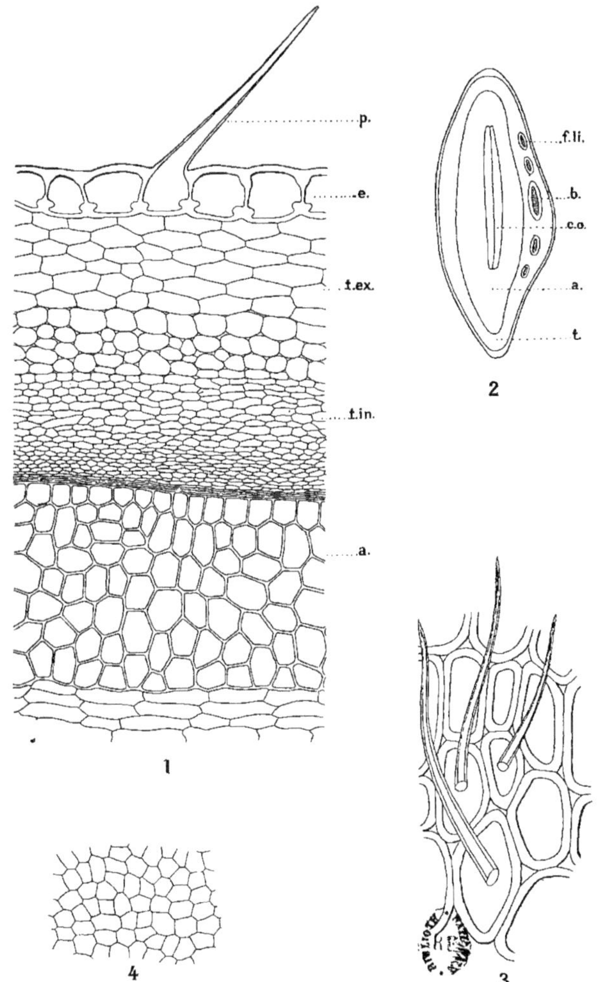

Parabarium Tournieri Pierre

1, Tégument de la graine, coupe transversale. — 2, Coupe schématique transversale de la graine. — 3, Épiderme du tégument de la graine vu à plat. — 4, Épiderme supérieur de la feuille : *p.*, poil ; *e.*, épiderme ; *t. ex.*, tégument région externe ; *t. in.*, tégument région interne ; a., albumen ; *f. li.*, faisceau libéro-ligneux ; *b.*, bois ; *co.*, cotylédons.

ouvert, à vaisseaux hexagonaux, entouré complètement par un liber à cellules irrégulièrement polygonales.

Laticifères abondants dans le parenchyme, rares dans les deux libers.

Graine. — Épiderme à une rangée de cellules avec parois très épaisses. Au point de jonction des parois latérales renforcées se forment par leur accolement, des épaississements circulaires de 7 à 8 μ. de diamètre, très visibles, surtout à la face inférieure de ces cellules. Vu de face, le tégument séminal montre des cellules subrectangulaires à parois épaisses circonscrivant des méats étroits. Poils unicellulaires souvent couchés, à base très légèrement renflée. Sous ce tégument, on trouve cinq à six rangées de cellules hexagonales allongées tangentiellement, puis une zone d'une vingtaine de cellules de plus en plus serrées à mesure que l'on s'approche de l'albumen. Celui-ci est formé de cellules d'abord radiales, puis régulièrement polygonales, avec des parois épaissies.

Une zone de petites cellules à parois très fines relie l'albumen à l'embryon, dont les cellules externes sensiblement rectangulaires, petites, à parois moins épaisses que les cellules de l'albumen, se continuent par des éléments polygonaux. Raphé présentant de rares faisceaux libéro-ligneux concentriques, entourés de quelques laticifères étroits.

PARABARIUM LATIFOLIUM Pierre

SPIRE, Herb., n° 14.

Cette liane n'a été rencontrée jusqu'ici que sur le plateau du Tranninh. Elle existe en assez grande quantité aux approches de la route muletière reliant Tha Do à Xieng Kouang. D'après les Méos du Pou Khé on la trouverait également dans les environs de Tatom.

Comme aspect général, forme végétative, coloration des fleurs, époques de floraison etc., elle se rapproche beaucoup du *Parabarium Tournieri*, près duquel on la rencontre souvent.

Les Laotiens ont cependant remarqué et noté son principal caractère différentiel : Mak sang Kohn, liane couverte de poils. Le simple toucher des feuilles permet en effet, de la différencier du Mak sang khua deng. Les caractères différentiels sur lesquels nous nous sommes placés pour en faire une espèce nouvelle sont en effet :

1° La pubescence des feuilles, pétioles, jeunes rameaux, et des cymes elles-mêmes ;

2° La pubescence du tube corollaire sur sa face externe ;

3° La forme des sépales un peu plus obtus que dans le *Parabarium Tournieri.*

Enfin la forme des follicules allongés et pointus divergeant fort peu, au lieu d'être opposés comme dans le *Parabarium Tournieri.*

Tige. — Sa structure étant analogue à celle des *Parabarium* précédemment décrits, nous ne donnerons que les caractères histologiques principaux de cette espèce.

Épiderme à cellules allongées radialement, quelques-unes se transformant en poils lignifiés, très aigus, parfois crochus, à canal n'atteignant pas leurs extrémités.

Parenchyme cortical à cellules ovales diminuant progressivement de diamètre.

Les îlots fibreux très volumineux dans le péricycle se réduisent beaucoup dans le liber. Zone externe de la moelle sclérifiée.

Cristaux prismatiques d'oxalate de calcium dans le parenchyme cortical, le liber et la moelle.

Feuille. — Épidermes identiques, à poils monocellulaires allongés, dont la base est légèrement lignifiée.

Dans une nervure centrale constituée par de grandes cellules arrondies, collenchymateuses sous les épidermes, se trouve l'arc libéro-ligneux très ouvert. Le péricycle est totalement dépourvu de fibres et le parenchyme libérien légèrement collenchymateux. Quelques prismes d'oxalate de calcium dans tous les tissus de la nervure. Mésophylle bifacial à une rangée de cellules palissadiques, et parenchyme lacuneux homogène.

Laticifères dans toute la feuille, même dans le limbe.

Fruit. — Épicarpe représenté par six rangées de petites cellules rectangulaires, dont les plus externes tabulaires, très allongées, sont lignifiées. Mésocarpe à cellules arrondies irrégulières, de volumes inégaux, les plus petites à parois lisses, disposées en petites plages. Faisceaux libéro-ligneux dans la partie externe du mésocarpe. Ils sont formés de vaisseaux ligneux hexagonaux à parois épaisses, entourés par un liber parenchymateux très développé, où les îlots de tubes criblés, à parois légèrement épaissies, sont périphériques. Plus profondément les faisceaux augmentent de volume et l'îlot annulaire central ligneux se partage en deux zones en éventail se touchant par la pointe interne et séparés par un parenchyme à très petites cellules. Le liber présente un parenchyme très développé, à cellules hexagonales sensiblement régulières, où les îlots de tubes criblés sont périphériques. Endocarpe mince réduit à une petite bande sclerenchymateuse formée par sept à huit rangées de fibres disposées obliquement, allongées, à lumen étroit.

Laticifères, nombreux surtout dans la partie profonde du mésocarpe où ils acquièrent un diamètre considérable.

Graine. — Le tégument est formé d'abord par une rangée de grosses cellules à parois externes seules épaissies ; les suivantes

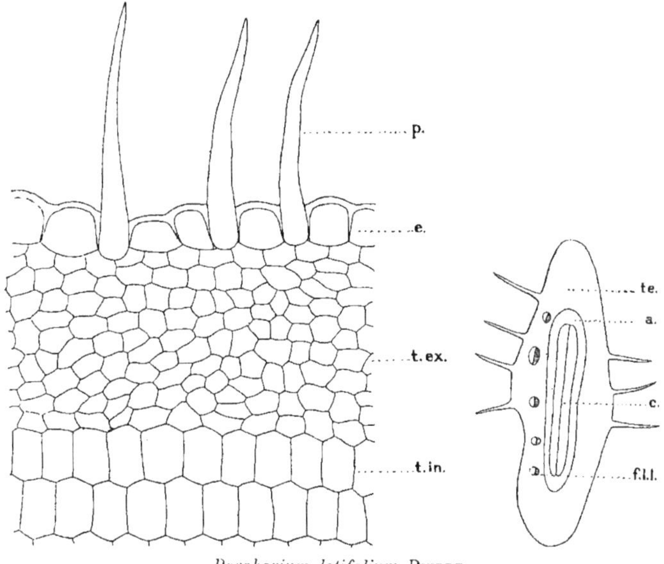

Parabarium latifolium Pierre

Coupe transversale du tégument de la graine : *p.*, poil ; *e.*, épiderme ; *t. ex.*, tégument région externe ; *t. in.*, tégument région interne.

Graine. — Coupe schématique : *te.* tégument ; *a.* albumen ; c, cotylédons ; *f. ll.*, faisceaux libéro-ligneux.

restent irrégulièrement polygonales jusqu'à l'albumen composé de cellules hexagonales à parois minces (fig. 1 et 2). Raphé peu étendu, à quatre faisceaux libéro-ligneux isolés. Les cotylédons presque droits sont d'épaisseur irrégulière et occupent un tiers environ de la largeur totale de la graine. C'est le seul *Parabarium* ne présentant pas d'épaississement des parois latérales des cellules externes du tégument.

PARABARIUM SPIREANUM Pierre

SPIRE, Coll., n° 20.

Yang lam mop. — Liane à caoutchouc coagulant par cuisson, à écorce épaisse, par opposition au Yang lam Nieu, à écorce mince.

Trouvé pour la première fois en fleurs dans les environs de Cua Rao en mai 1903. Recueilli avec ses fruits par le R. P. GUIGNARD, dans les montagnes dominant Cahn trap, en octobre de la même année.

Cette liane semble avoir été déjà remarquée par M. BREUGNOT qui lui donnait le nom générique de Khua mak Khao ngoua, var. 1.

C'est une plante très volubile, atteignant la cime des arbres les plus élevés. Son écorce est rugueuse, grisâtre, couverte de nodosités, très riche en latex, facilement coagulable.

D'après les indigènes, elle n'acquerrait jamais de dimensions très considérables, les lianes exploitées n'auraient en général que 10 à 12 centimètres seulement de diamètre.

Fleurs en cyme corymbiforme lâche.

Boutons ovoïdes.

Calice à sépales courts, acuminés, couverts de duvet à l'extérieur, égalant à peine en longueur le 1/3 du bouton.

Corolle à tube pubescent en dedans. Pétales à extrémités falciformes beaucoup moins accusés que dans le *Parabarium Tournieri.*

Identité presque absolue des étamines et du pistil avec le type du *Parabarium Tournieri* décrit plus haut.

Fruit formé de deux follicules horizontaux corniculés, de 10 centimètres environ de longueur, couverts de sillons, à extrémités pointus.

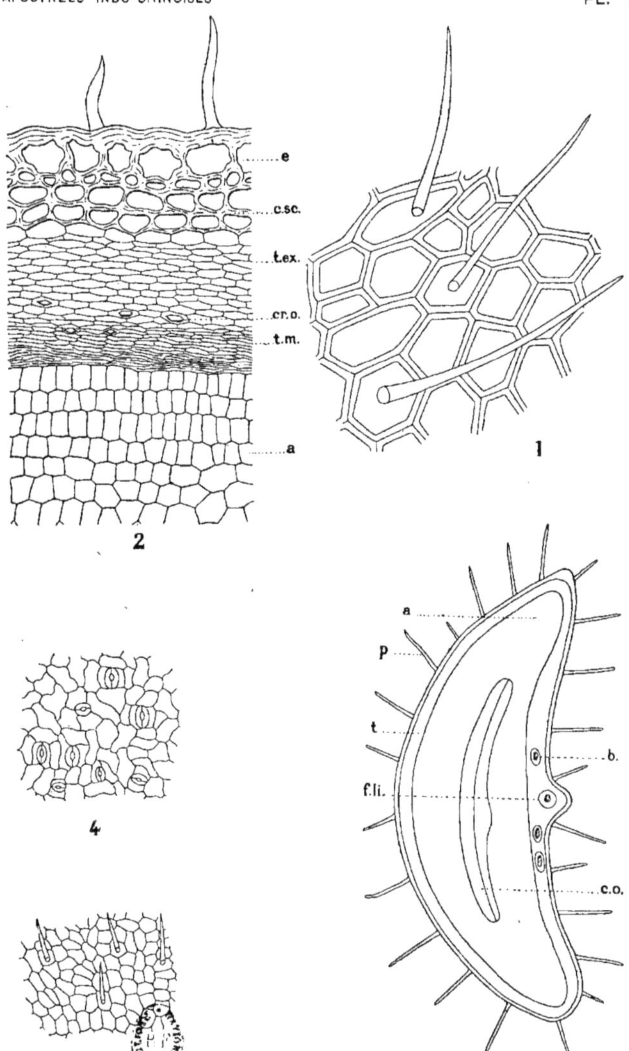

Parabarium Spireanum Pierre

1, Tégument de la graine vu à plat. — 2, Coupe transversale du tégument de la graine. — 3. Schéma de la graine, coupe transversale. — 4, Épiderme inférieur de la feuille. — Épiderme supérieur : *e.*, épiderme ; *c. sc.*, cellules scléreuses ; *t. ex.*, tégument région externe ; *cr. o.*, cristaux d'oxalate de calcium ; *t. m.*, tégument région interne ; a., albumen ; *p.*, poil ; *t.*, tégument ; *f. li.*, faisceau libéro-ligneux ; *b.*, bois ; *co.*, cotylédons.

Placenta remplissant les 3/4 de la cavité embryonnaire; mésocarpe charnu, endocarpe pierreux.

Graines velues, de section triangulaire, ayant 1 cent. 5 environ de longueur et une aigrette de 3 cent. 5 à 4 centimètres.

Feuilles ovales oblongues, acuminées, atténuées à leur base arrondie en un pétiole court. Elles ont 6 à 8 centimètres de longueur sur 2 cent. 5 à 3 cent. 5 de largeur avec un pétiole de 1 centimètre à 1 cent. 5.

Minces, coriaces, brillantes en dessus, brunâtres à la face inférieure. Nervure médiane très saillante en dessous, cinq à six nervures secondaires complètement recourbées venant former une fausse nervure marginale au bord de la feuille. Nervures tertiaires très serrées, parallèles entre elles et presque perpendiculaires aux nervures secondaires, réunies elles-mêmes par un quadrillage de quatrième ordre très dense.

Tige. — Épiderme peu développé, pourvu de poils monocellulaires courts, recourbés en crochets à l'extrémité. Suber sous-épidermique. Parenchyme cortical constitué par des cellules arrondies s'allongeant ensuite tangentiellement en circonscrivant de nombreuses cellules scléreuses, hexagonales à lumen étroit. Le péricycle présente deux cercles fibreux concentriques. Le liber interne est moitié moins développé que le liber externe; il est constitué par de petites cellules hexagonales formant le parenchyme dans lequel les tubes criblés sont répartis irrégulièrement et non disposés en îlots comme dans les *Parabarium* étudiés précédemment. Le cambium normal ayant fonctionné des deux côtés à la fois sur toute son étendue a produit un anneau ligneux complet. Cet anneau est constitué par un parenchyme ligneux à fibres sclérifiées et à parois minces entourant des vaisseaux de coupe hexagonale à parois peu épaisses. La moelle souvent résorbée au centre, à cellules irrégulières parfois légèrement sclérifiées, est dépourvue de cristaux d'oxalate de calcium.

Les laticifères abondent autour des paquets fibreux péricycliques et dans la moelle.

Pétiole. — Épiderme à cellules irrégulières, cuticule épaisse et lignifiée. Poils rares affectant la même forme que ceux de la tige.

Le parenchyme cortical très développé, collenchymateux sous l'épiderme, est occupé au centre par trois faisceaux libéro-ligneux très inégaux, isolés. Le faisceau central en forme de croissant largement ouvert et entouré complètement de liber, est couronné à chaque extrémité par un îlot libéro-ligneux concentrique à bois central.

Les laticifères existent en petit nombre au voisinage du liber périmédullaire dans lequel ils ne pénètrent pas.

Feuille. — Épiderme à cellules très petites à la face supérieure, plus développées et rectangulaires à la face inférieure. Stomates rares et peu apparents. Cuticule très développé au niveau de la nervure centrale. Hypoderme constitué par de longues cellules rectangulaires trois fois plus larges que les cellules épidermiques. La nervure centrale formée par un parenchyme collenchymateux dans les quatre premières assises sous-épidermiques est occupée au centre par un arc ligneux ouvert. Celui-ci est entouré par un liber circulaire dont les cellules parenchymateuses ont des parois ondulées, et les tubes criblés groupés en îlots moins accentués que dans les autres espèces de *Parabarium*. Il est surmonté par un péricycle en partie lignifié.

Mésophylle bifacial à deux rangées de cellules palissadiques étroites et égales, occupant la moitié du limbe et se continuant par un tissu à cellules carrées, superposées, donnant à cette partie de la coupe un aspect quadrillé. Rares nervures secondaires formées de quelques trachées entourées par un liber mou, l'ensemble recouvert en haut et en bas par des îlots de collenchyme. Absence d'oxalate de calcium.

Laticifères très développés au voisinage du liber périmédullaire et la région péricyclique au-dessus des îlots fibreux.

Pédoncule floral. — Même constitution que la tige, mais augmentation du nombre des poils allongés unicellulaires, et réduction du corps libéro-ligneux.

Laticifères dans la moelle et aux bords du liber externe.

Fruit. — Épicarpe composé de 4 à 5 rangées de cellules allongées tangentiellement dont la dernière rangée externe est fréquemment lignifiée. Formations subéro-phellodermiques locales et présence de lenticelles très petites. Mésocarpe à cellules d'abord arrondies, puis allongées tangentiellement, à parois minces et ondulées. Les faisceaux libéro-ligneux augmentent de volume à mesure que l'on s'approche de l'endocarpe, ils sont disposés en éventail avec liber externe très réduit pauvre en tubes criblés et liber interne à éléments ondulés. Ces formations sont fréquemment entourées de cellules scléreuses, pseudo-hexagonales, à parois étroites et lumen très développé. Endocarpe à fibres entrecroisées en tous les sens, les unes très allongées, sclérifiées partiellement, à lumen étroit, les autres au contraire courtes, à parois épaisses entièrement sclérifiées, ne présentant pas les fins canalicules signalés dans d'autres espèces. Laticifères arrondis, larges, abondants dans le mésocarpe.

Graine. — Le tégument vu de face présente des cellules régulièrement hexagonales à parois très épaissies, sans méats intercellulaires. Çà et là quelques poils fins très allongés, de diamètre uniforme, se terminant brusquement en pointe, s'insèrent au milieu de ces cellules vues à plat. Sur une coupe transversale les cellules présentent des épaississements qui par leurs accolements forment des ornements ovalaires disposés aux angles des cellules dont les parois cellulaires sont plus épaisses que chez le *Parabarium Tournieri.* Les deux premières rangées cellulaires de la zone externe sont lignifiées et étroites, les suivantes sont très larges ; puis au-dessous l'on trouve une douzaine de rangées de cellules allongées tangentiellement dont les plus profondes renferment de fins cristaux clinhorhombiques d'oxalate de calcium. Raphé présentant deux à quatre faisceaux libéro-ligneux.

Un tissu très serré relie la zone externe à l'albumen, dont les trois premières rangées de cellules sont à disposition radiale ; le reste est formé d'éléments hexagonaux réguliers à parois minces plus petits que les cellules des cotylédons. Ceux-ci sont formés de cellules parenchymateuses subpolygonales à contenu huileux.

PARABARIUM QUINTARETI Pierre

Ecdysanthera micrantha QUINT, non A DC.

Spire, Col., n° 21.

Trouvé par M. QUINTARET dans la province du Cammon et dans celle de Mohassai, il existerait également, d'après cet auteur, sur les deux rives du Nam Ton et dans toute la province du Hatinh.

Nous l'avons rencontré seulement sur les hauteurs boisées dominant la vallée du Song Ca. Cette liane y serait très abondante d'après les Pou thays que le R. P. Guignard de la Mission de Cahn trap voulut bien mettre à notre disposition pour la recherche des producteurs de caoutchouc.

Elle se rapproche beaucoup, comme localités d'élection, comme port végétatif, etc., du *Parabarium Spireanum* décrit précédemment. Son écorce beaucoup plus mince d'une coloration brun marron, est ponctuée sur tous les rameaux adultes de lenticelles plus claires. Ce sont ces caractères de l'écorce qui permettent aux Pou thays de différencier à première vue les deux espèces voisines : le Yang lam nieu à écorce mince du Yang lam mop à écorce épaisse.

Inflorescence en grappes corymbiformes longuement pédonculées, à groupements floraux peu denses de 6 à 8 fleurs. Calice très divisé, à sépales obtus, à papilles glanduleuses à la base de la face interne.

Corolle à extrémité falciforme assez accusée, à revêtement pileux sur les deux faces, au niveau de la gorge surtout sur la face interne.

Caractères des anthères et du pistil semblables à ceux précédemment décrits chez les espèces voisines.

Fruits. — Follicules corniculés divergents, ovales, de 5 centimètres environ de longueur sur 6 à 7 millimètres de largeur, à extrémité pointue recourbée en crochet, contenant huit graines de 1 centimètre environ de longueur. Graines duvetées prolongées par un coma de 2 cent. 1/2 à 3 centimètres de longueur.

Feuilles. — Ovales lancéolées, sans acumen, atténuées à la base, de 6 à 7 centimètres de longueur sur 2 centimètres à 2 cent. 5 de largeur. Pétiole court de 5 millimètres environ. Elles sont très minces et ponctuées sur leur face inférieure ; trois à cinq paires de nervures secondaires se détachant très obliquement de la nervure médiane ; nervures tertiaires formant un réseau assez serré.

Rapproché par MM. Jumelle et Quintaret de l'*Ecdysanthera micrantha*, le *P. Quintareti* en différerait par ses feuilles très atténuées aux deux extrémités, pubescentes, et dont la face inférieure est revêtue de rugosités ou ponctuations brunes qui représentent la base glanduleuse des poils après leur chute. Ses grappes ne contiennent que six à huit fleurs. Les sépales sont obovés et la corolle pubescente en dehors est glabre en dedans.

Tige. — Assez régulièrement cylindrique. Épiderme recouvert par une cuticule épaisse ayant une hauteur égale à la moitié de celle des cellules sous-jacentes. Ces dernières affectent une forme rectangulaire, peu allongée. L'épiderme est protégé par une couche assez dense de poils unicellulaires apparaissant sous deux formes bien différentes ; les uns coniques, avec une large base d'implantation, les autres longuement lancéolés, mais quelle que soit leur forme, ces poils sont toujours lignifiés. La formation subéro-phellodermique que recouvre cet épiderme, se compose d'un phelloderme à peine différencié, tandis que le suber présente nettement une ou deux rangées de cellules à parois très minces, disposées radialement. L'écorce est collenchymatoïde dans sa région externe et dans sa partie interne, parenchymateuse. Cette portion profonde du parenchyme cortical renferme de grosses cellules scléreuses hexagonales, à stries concentriques, à lumen très réduit. La région péricyclique présente des îlots de fibres formés de cinq à six éléments allongés à lumen large. Ces îlots sont séparés les uns des autres par des rayons médullaires formés d'une seule rangée de cellules à parois épaissies, qui se continue jusqu'au bois, point où les cellules se rétrécissent puis se lignifient à leur tour. Le cambium très apparent donne naissance à un liber externe constitué par un parenchyme à cellules hexagonales dans lequel sont noyés des îlots de fins tubes criblés. Le liber périmédullaire présente la même constitution, mais il est beaucoup plus développé. La moelle est composée de cellules inégales laissant entre elles de très petits méats.

Les laticifères très rares et très petits dans la partie externe de la tige sont plus abondants dans la moelle ; dans cette zone, ils ont des parois très épaisses et un lumen assez large,

Pétiole. — L'épiderme est formé de cellules cubiques très petites recouvertes pas une cuticule à peine différenciée. Il présente quelques poils, assez rares, coniques à peine lignifiés, unicellulaires. Quelques cellules collenchymateuses sous l'épiderme, puis des cellules élargies constituent le parenchyme cortical. Au centre, un arc libéro-ligneux très ouvert. Le sommet de chaque corne est parfois occupé par un petit faisceau libéro-ligneux concentrique à bois central. L'arc vasculaire entouré complètement par le liber présente la même constitution intime que celui de la tige. Absence totale de cristaux d'oxalate de calcium.

Laticifères localisés uniquement aux environs du liber.

Feuille. — L'épiderme supérieur rectiligne simple est formé de cellules rectangulaires peu allongées. Sa cuticule non lignifiée présente une épaisseur égale à la 1/2 hauteur des cellules sous-jacentes. L'épiderme de la face inférieure est constitué, sous une cuticule à peine différenciée, par une rangée de très fines cellules rectangulaires. On y trouve de nombreuses petites cryptes où sont localisés les stomates s'ouvrant dans des chambres sous-stomatiques très réduites.

La nervure centrale contient un faisceau libéro-ligneux en croissant, à bois constitué par quatre à cinq vaisseaux séparés par des rayons médullaires lignifiés. Le liber entourant complètement le bois est peu développé à la face inférieure. Au-dessus et dans la concavité du croissant en particulier, il apparaît sous la forme d'un parenchyme libérien à éléments inégaux et à parois épaissies entourant des îlots de tubes criblés. Mésophylle bifacial où la zone palissadique occupant le 1/3 de l'épaisseur totale, comprend deux rangées de cellules dont les premières sont beaucoup plus allongées. La partie lacuneuse est constituée par des cellules rectangulaires. Les faisceaux libéro-ligneux du limbe présentent des vaisseaux spiralés très étroits. Ils se terminent au bord du limbe, au milieu, de quatre à cinq cellules plus larges que les voisines, les éléments libériens cessant brusquement avant la terminaison vasculaire. Laticifères très abondants dans la partie parenchymateuse du liber.

Pédoncule floral. — Épiderme formé de cellules à lumen étroit. Cuticule peu épaisse, parfois légèrement cutinisée, supportant des petits poils aigus, pluricellulaires, unisériés, lignifiés. Leurs parois transversales très étroites sont cellulosiques. Le parenchyme cortical occupe la moitié du diamètre total ; il est d'abord formé de petites cellules régulières à disposition alterne, puis les éléments grandissent, et laissent entre eux de nombreux méats. La région péricyclique présente des fibres restées cellulosiques, disposées par groupe de douze à quinze éléments qui diminuent et finissent par disparaître à mesure que l'on se rapproche de l'extrémité terminale du pédoncule floral. L'anneau libéro-ligneux peu développé, mais complet à la base se réduit dans les parties supérieures à quelques vaisseaux isolés. Un parenchyme formé de quatre à cinq rangées de cellules sépare le liber interne et externe du bois. Ce liber présente des tubes criblés et des cellules compagnes très différenciées,

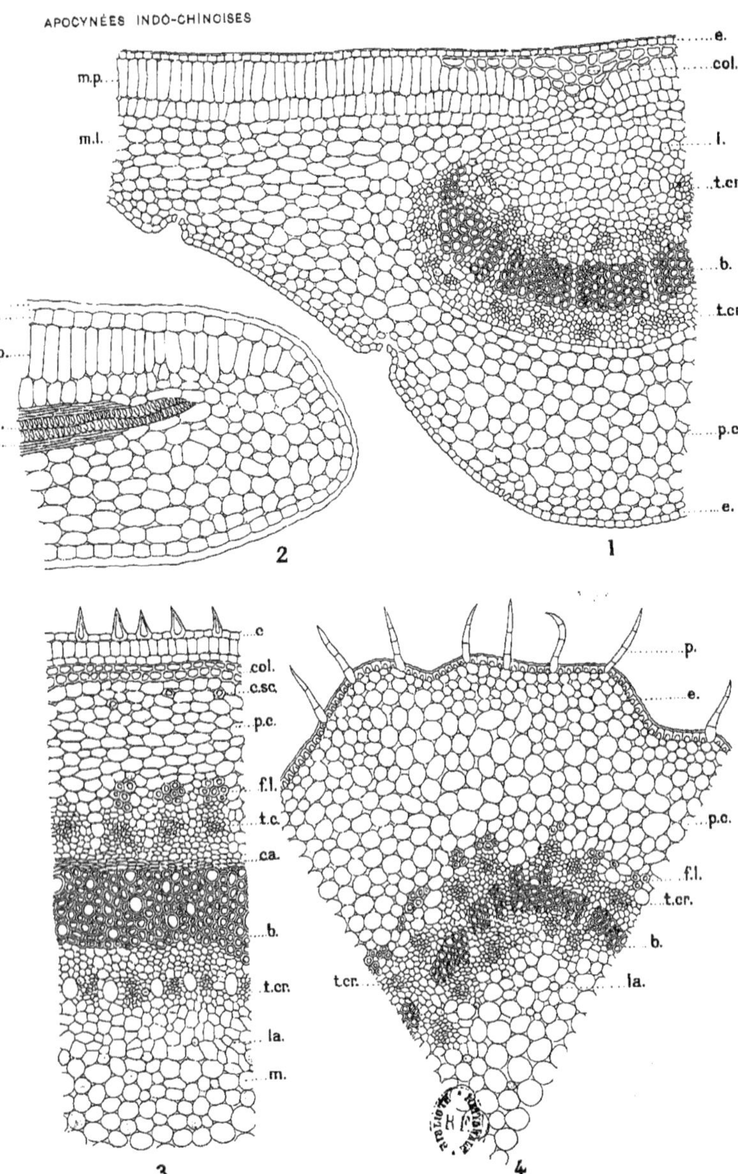

Parabarium Quintareti PIERRE

1, Coupe transversale de la feuille. — 2, Terminaison vasculaire dans la feuille. — 3, Coupe transversale de la tige. — 4, Coupe du pédoncule floral : *e*, épiderme; *col*, collenchyme; *m. p.*, mésophylle palissadique; *m. l.*, mésophylle lacuneux; *l*, laticifère; *t. cr.*, tubes criblés; *b*, bois; *p. c.*, parenchyme cortical; *c*, cuticule.

groupées par petits îlots. La moelle est constituée par des cellules arrondies, serrées, inégales, analogues à celles du parenchyme cortical.

Les laticifères ne se rencontrent que dans la moelle où ils sont du reste peu nombreux et à lumen très étroit

Graine. — Épiderme : grosses cellules cubiques à parois épaisses, quelques-unes se terminant en longs poils irréguliers à parois extrêmement minces. Les téguments sont nettement différenciés. Ils forment deux couches concentriques, d'épaisseur sensiblement égale : la zone externe est composé de cellules hexagonales allongées tangentiellement, tandis que la couche interne est constituée par des cellules aplaties sur elles-mêmes, si allongées que cette couche de même épaisseur que la précédente est formée par un nombre quadruple de rangées cellulaires. Le raphé présente deux petits faisceaux libéro-ligneux concentriques. L'albumen à cellules irrégulièrement polygonales contient deux cotylédons accolés dos à dos formant une ellipse très allongée à petit diamètre extrêmement réduit.

Absence d'oxalate de calcium.

PARABARIUM NAPEENSE (Pierre) Jumelle

Micrechites napeensis QUINT [1].
Ecdysanthera napeensis PIERRE [2].

Liane à tige blanc grisâtre, toujours glabre atteignant cinq à six mètres de longueur.

Les rameaux sont également dépourvus de poils. Ces feuilles sont opposées, ovales elliptiques, avec un assez fort acumen au sommet. Les nervures secondaires sont au nombre de cinq ou six paires, très obliques, et fortement arquées à leurs extrémités. Toutes ces nervures sont dépourvues de poils, ainsi que le pétiole. Le limbe mesure de 6 à 7 centimètres de longueur sur 3 à 4 centimètres de largeur, le pétiole de 8 à 18 milimètres.

Les fleurs, qui apparaissent en mai, sont très petites, longues de 3 millimètres en moyenne. Elles sont disposées en panicules de

1. QUINTARET, Compt Rend. et *Ann. Sc. Nat.*, fév. et oct. 1902.
2. PIERRE, *Revue des Cultures coloniales*, XI. p. 228.

cymes lâches. La longueur totale de l'inflorescence est de 5 à 7 centimètres environ. Les pédicelles secondaires sont insérés assez loin de la base du pédicelle primaire, et il en est de même pour les pédicelles tertiaires qui portent les cymes à l'égard des pédicelles secondaires. Ces inflorescences sont terminales ou axilliaires.

Le calice est très petit avec cinq segments obtus ; il est velu, ainsi que les pédicelles tertiaires. Le pédicelle primaire et le pédicelle secondaire, au contraire, sont presque glabres.

La corolle est campanulée et à tube très court ; les lobes sont falciformes, obliques, réfléchis vers l'intérieur, dans le bouton.

Les cinq étamines sont insérées par des filets très courts à la base du tube corollaire ; les anthères sont sagittées, conniventes et appliquées contre le stigmate. Le pistil est composé de deux carpelles distincts, avec de nombreux ovules. Ces carpelles sont velus, le style est court et se termine par un stigmate claviforme.

Cette plante qui a été décrite par M. Quintaret sous le nom de *Micrechites napeensis*, diffère des *Micrechites* par sa corolle rotacée et non infundibuliforme, par le nombre de ses ovules sur chaque placenta. Mais il faut remarquer cependant, et M. Pierre croit nécessaire d'établir une section Napea pour cette espèce, section comprenant les *P. Verneti*, *cambodiense*, *linocarpum* et *Candollei*, que la fleur s'écarte un peu de celle des *Parabarium* types, les lobes de la corolle sont beaucoup plus longs que le tube, c'est-à-dire plus fortement appendiculés, et le disque est excessivement court.

PARABARIUM VERNETI Pierre

Spire, Coll., n° 11.

Cette liane existe en assez grande abondance dans les forêts du Tranninh. Elle porte le nom laotien de Mak sang Khua dam (dam noir) à cause de la coloration foncée de son écorce.

On la retrouverait également dans les forêts du Tonkin; un échantillon en fut envoyé en effet vers la fin de 1902 à M. Pierre par M. Vernet à qui fut dédié cette espèce nouvelle.

Elle fleurit en décembre, janvier, date où nous avons pu recueillir un grand nombre d'échantillons floraux à Xieng Kouang. Les fruits, autant que l'on peut en juger par les follicules desséchés et vides restés encore sur la liane après la saison des pluies, seraient plus gros et plus courts que les fruits du *Parabarium Tournieri*.

Les feuilles, petites, lancéolées, atténuées à la base, terminées par un acumen pointu, ont de 7 à 9 centimètres de longueur sur 3 à 3 cent. 5 de largeur, le pétiole mesurant environ 1 centimètre. 5 paires de nervures secondaires réunies par une série de nervures tertiaires parallèles. Elles sont glabres sur les deux faces ainsi que les pédoncules et rameaux couverts de fines lenticelles.

Les fleurs diffèrent peu de celles des *Parabarium* étudiés précédemment. A noter cependant la forme spéciale du stigmate qui porte une couronne bidentée.

Tige. — Le périderme est d'origine sous-épidermique, présentant des cellules de liège à parois fortement épaissies. Le parenchyme cortical d'abord collenchymateux est formé ensuite de cellules scléreuses isodiamétriques comme on en rencontre dans la plupart des *Parabarium*. Quelques rangées de cellules (5 à 6) le séparent du péricycle pourvu d'îlots de fibres non lignifiées, étirées tangentiellement, à lumen très réduit. Liber à éléments larges ayant un aspect collenchymateux tout à fait caractéristique. Le corps ligneux annulaire présente de nombreux vaisseaux circulaires à parois peu épaisses; ils sont souvent obstrués par des thylles et renferment de petits cristaux d'oxalate de calcium. Les vaisseaux primaires en files radiales s'enfoncent dans un liber périmédullaire deux fois plus épais que le liber normal, et comme lui séparé de la région ligneuse par un parenchyme à petites cellules polygonales. La moelle, formée de cellules régulières arrondies, présente au centre un îlot de cellules scléreuses canaliculées à stries concentriques. Cristaux octaèdriques d'oxalate de calcium dans le liber normal, le péricycle et le bois.

Laticifères abondants dans les deux libers, rares dans la région péricyclique, manquant totalement dans la moelle.

Pétiole. — Même structure anatomique que celle des autres espèces de *Parabarium* précédemment décrites. Oxalate de calcium en prisme dans tous les parenchymes et les libers.

Laticifères peu nombreux dans les deux libers et le parenchyme compris dans la convexité de l'arc libéro-ligneux.

Feuille. — Nervure centrale peu proéminente, présentant sur les 2 faces, des épidermes rectilignes dépourvus de poils. Ils sont tous deux formés de cellules tabulaires et pourvus d'une cuticule épaisse. Hypoderme d'une largeur double de l'épiderme. Le parenchyme de la nervure centrale, à cellules arrondies, renferme parfois de petits prismes clinorhombiques d'oxalate de calcium ; il est collenchymateux à la partie inférieure et supérieure de la nervure. Endoderme bien différencié, continu, au-dessous duquel la zone péricyclique présente de nombreux îlots de deux à trois fibres cellulosiques.

Le bois en forme de croissant est recouvert inférieurement par un liber réduit à quelques cellules irrégulièrement polygonales. En revanche, développement considérable du liber périmédullaire à tubes criblés en îlots remplissant toute la convexité du corps ligneux. Le limbe bifacial, à trois rangées de cellules palissadiques, occupe la moitié de l'épaisseur totale ; au-dessous, les cellules sensiblement cubiques laissent entre elles de rares lacunes.

Laticifères peu nombreux dans la région péricyclique et le liber périmédullaire.

Pédoncule floral. — Arrondi, présentant une constitution anatomique analogue à celle de la tige ; mais l'arc libéro-ligneux est morcelé. A signaler l'absence de l'anneau scléreux et des fibres péricycliques caractéristiques des tiges de *Parabarium*. Absence de cristaux d'oxalate de calcium.

Laticifères très développés dans la moelle seulement.

PARABARIUM LINOCARPUM Pierre

Ecdysanthera linearicarpa Pierre [1]

L'échantillon d'herbier que nous avons pu consulter chez M. PIERRE proviendrait du Tranninh d'où il fut adressé à cet auteur par M. le colonel TOURNIER. Il y porterait le nom de Mak sang dua Kay (Liane à fruit en ergot de coq).

Cette liane avait déjà été signalée sous ce nom en 1902 par M. ACHARD ; aussi pendant mon séjour de 4 mois à Xieng Kouang

1. PIERRE, *Revue des Cultures coloniales*, XI, p. 228, oct. 1902.

j'ai recherché, mais sans succès, cette espèce citée comme productrice de caoutchouc. Les Laotiens du Tranninh semblent ne pas connaître ce nom qui en revanche apparaît sur le Mékong et dans les provinces du Cammon et du Kamkeut, et s'applique alors à une plante que nous étudierons plus tard sous le nom d'*Ervatamia repeuensis* Pierre. Les fruits de cette Apocynée ressemblent plus que ceux du *Parabarium* aux ergots de coq. Quoi qu'il en soit, la plante adressée à M. Pierre, plante dont les fleurs ne sont pas connues, semble se rapprocher par ses feuilles des *P. Verneti* et *P. Candollei*. Il en diffère par ses follicules, dont un seul se développe le plus souvent.

PARABARIUM BRACHIATUM (Wall) Pierre

Echites brachiata Wall., Cat., 1668.
Ecdysanthera brachiata A. DC., *Prod.*, VIII, p. 442.

Cette espèce habite Pundua dans le N.-E. de l'Inde. Elle se retrouve également dans l'empire Birman.

Ses inflorescences axillaires, plus longues que les feuilles, se ramifient au-dessous du milieu. Ses fleurs sont très petites. La corolle est complètement glabre en dehors, poilue sur la face interne entre les étamines.

Ses feuilles sont très différentes de celles du *P. micrantha* chez qui elles sont oblongues, plus larges, moins atténuées à la base et pourvues d'un pétiole plus étroit.

Le fruit qui est conservé à Kew sous le nom d'*Ecdysanthera brachiata* ne semble pas appartenir à cette espèce. Il se présente comme un double follicule, dont chaque partie est très atténuée au sommet et se termine par une pointe recourbée vers le haut.

PARABARIUM CANDOLLEI Pierre

L'échantillon étudié par M. Pierre provenait de l'herbier de Balansa qui l'avait recueilli au Tonkin. Elle ne semble pas exister au Laos. D'après l'herbier de cet auteur que nous avons consulté, cette espèce se distingue par la forme des lobes corollaires longuement appendiculés.

PARABARIUM CAMBODIENSIS Pierre

Il se rapproche beaucoup du *P. Candollei.*

Feuilles elliptiques, brusquement acuminées et munies de 4 à 5 paires de nervures secondaires, inflorescences terminales ou axillaires longues et lâchement ramifiées, tube de la corolle pubescent en dedans et, contrairement aux espèces de *Parabarium* précédemment décrites, sépales privés de glandes.

Cette liane se rencontrerait à Phu Quôc et dans la province de Kampot [1].

PARABARIUM MICRANTHUM Pierre

Echites micrantha WALL., Cat., n° 1667.
Ecdysanthera brachiata A. DC., *Prod.*, VIII, p. 442.

Dans cette espèce, les rameaux des panicules sont beaucoup plus denses. La corolle est rotacée. La surface interne est papilleuse. Le disque n'atteint que le 1/3 inférieur des carpelles. Enfin les ovules sont au nombre de 4 par rangées.

Les feuilles sont elliptiques, oblongues, légèrement atténuées à la base, terminées brusquement par un acumen aigu.

Elles portent 6 à 7 paires de nervures secondaires. Quant aux nervures tertiaires elles sont beaucoup plus développées sur les deux faces que dans n'importe quelle espèce de la famille.

PARABARIUM HOOKERI Pierre

Cette plante distribuée sous ce nom par le Musée de Kew à l'herbier du Muséum de Paris n'appartient certainement pas au *Parabarium brachiata.* Les feuilles sont plus grandes et plus larges. Les nervures secondaires sont au nombre de 6 paires de chaque côté, ses inflorescences aussi longues que les feuilles ne se rami-

1. *Revue des Cultures coloniales*, 20 octobre 1902, n° 111.

fient que bien au-dessus du milieu et les fleurs sont plus grandes que celles du *P. brachiatum*.

La corolle glabre sur sa face externe est à peine pubérulente en dedans.

Le disque est également plus élevé et présente des lobes moins distincts que le *P. brachiatum*. Ses placentas portent 4 ovules par rangées au lieu de 3.

Enfin les follicules complètement horizontaux sont renflés jusque dans le 1/3 supérieur, puis s'atténuent à leurs extrémités.

Nous citerons également le *Parabarium Godefroyanum* Pierre, cultivé dans les serres de M. *Godefroy*, à Paris, de graines provenant du Laos, sous le nom de Khua mak Khao ngoua. Cette espèce nouvelle présenterait, dit M. Pierre, des feuilles linéaires oblongues beaucoup plus étroites et plus longues que celles du *P. Quintareti* Elles posséderaient 12 à 17 paires de nervures secondaires, seraient tout à fait glabres et dépourvus de rostre au sommet.

III

Genre PARAMERIA

Cinq sépales réunies à leur base, imbriquées, pourvues chacune de 3 à 7 squames. Corolle hypocratériforme un peu rétrécie à la gorge. Lobes un peu plus dilatés à droite qu'à gauche et même appendiculés à droite. Étamines insérées tout près de la base; anthères atteignant la moitié de la longueur du tube. Disque à 5 lobes, quelquefois entièrement libres, arrivant au milieu des carpelles. Carpelles légèrement enfoncés dans le réceptacle, recouvert d'un duvet pileux, surmontés d'un style semblable à celui de l'*Ecdysanthera* Ovaires comprenant quatre séries de trois à quatre ovules. Follicules moniliformes à endocarpe aussi mince que l'exocarpe.

Graine presque glabre, ovoïde, à peine aplatie, terminée par un coma plus long qu'elle.

PARAMERIA GLANDULIFERA Bentham

Echites glandulifera Wall.
Ecdysanthera glandulifera A. DC.
Ecdysanthera Pierrei Baillon.
Ecdysanthera glandulifera, var. *Pierrei* Heim.

Spire, Coll. n° 2.

Cette liane, introduite par M. Pierre au Jardin botanique de Saïgon en 1874, semble avoir comme habitat de prédilection les régions basses et chaudes du Cambodge. Pour notre part, nous ne l'avons rencontrée dans le Bas Laos que sur les bords du Song Ca, près de Cua Rao, où M. Breugnot et le R. P. Guignard l'avait déjà signalée en 1900. Elle existerait également sur les bords du Mékong, dans la région de Pak Inboum, d'où provenait un échantillon d'herbier recueilli par le R. P. Contet, échantillon qui me fut adressé en 1901 à Buitenzorg pour en faire la détermination.

La liane de Cua Rao, connue dans cette région sous le nom de Khua Khau Ken, liane à fruits en grains de chapelet, porterait également, d'après M. Breugnot, le nom de *Khua mak lin pa*, *Khua khi doi*, *Khua mak lin sua*. Elle serait employée par les Pouthengs pour fabriquer des cordes et des liens.

Cette liane est assez vigoureuse, elle atteint un diamètre de 6 à 8 centimètres; son écorce est grisâtre, tachetée de blanc, très crevassée. Ses feuilles d'un vert vernissé sur la face supérieure ont une teinte mate sur la face inférieure. Les fleurs sont d'un rose superbe et les grappes très fournies font de cette *Apocynée*, à l'époque de la floraison, une véritable plante ornementale.

Avons-nous affaire au *Parameria Pierrei* décrit par Baillon, ou à une variété. Il est difficile de l'affirmer. Notons cependant que la fleur est rose dans la liane que nous avons recueillie, au lieu d'être crème comme dans l'échantillon de Mékong et la plante du jardin de Saïgon. La forme du stigmate semble différer également. Très nettement ovoïde dans la fleur du Laos, il présente dans les dessins de M. Pierre une série de 5 dentelures à sa base.

La question des *Parameria* demanderait du reste une monographie que nous essayerons d'établir dans la suite. Parmi les lianes de l'archipel Malais, dont nous avons rapporté de nombreux échantillons, il existe une série de variétés différant surtout par les caractères de la feuille, soit qu'ils proviennent de Java même, de Bornéo ou des Célèbes.

Tige. — Épiderme festonné par suite de l'irrégularité de ces cellules. Cuticule mince, légèrement lignifiée. Poils coniques, très courts, unicellulaires. Parenchyme cortical peu développé, très riche en grains d'amidon. Fibres disséminées irrégulièrement dans la zone interne du péricycle et la périphérie du liber, dont les cellules sont régulièrement hexagonales. Cambium très apparent donnant naissance à un anneau continu d'un bois à vaisseaux rares, traversé par des rayons médullaires lignifiés. Liber périmédullaire à tubes criblés réunis en petits îlots. Moelle à cellules arrondies au milieu desquelles sont disséminées quelques cellules sclérifiées.

On rencontre un certain nombre de cristaux prismatiques d'oxalate de calcium dans le parenchyme cortical.

Laticifères assez abondants dans la moelle et le liber normal, rares dans le parenchyme cortical, absents dans le liber périmédullaire.

Feuille. — Les deux épidermes linéaires à cuticule légèrement sclérifiée sont dépourvus de poils. Absence d'hypoderme. Au milieu du parenchyme à cellules arrondies de la nervure, on observe un arc libéro-ligneux presque linéaire, où le bois formé de files de trois vaisseaux seulement est entouré par des zones libériennes très larges, à tubes criblés en îlot. Dans le limbe, au-dessous de trois rangées de cellules palissadiques, se trouve un parenchyme peu lacuneux.

Laticifères en petit nombre dans les deux libers et le péricycle.

Fruit. — Épicarpe, cellules allongées tangentiellement, les premières rangées étant sclérifiées. Mésocarpe à cellules hexagonales ; dans sa partie profonde se développent les faisceaux libéro-ligneux à vaisseaux spiralés. Endocarpe formé d'un feutrage très serré de fibres sclérifiées.

Prismes d'oxalate de calcium très abondants surtout dans la partie externe de l'épicarpe et dans la zone interne du mésocarpe.

Graine. — La graine, dont l'histologie se rapproche beaucoup de celles des *Parabarium*, se caractérise par des cellules épidermiques coniques, à parois très épaissies, et un albumen à cellules régulièrement hexagonales.

IV

Genre AGANONERION Pierre

Calice formé de cinq sépales libres imbriqués atteignant le milieu du tube, sans squames à la base. Corolle hypocratériforme, à tube cylindrique, trois fois plus long que les lobes. Lobes se recouvrant à droite, également dilatés sur chaque bord. Étamines linéaires, oblongues, dépassant le milieu du tube. Disque cylindrique entier aussi long que les carpelles. Carpelles assis sur un réceptacle plan, velues au sommet, terminées par un style deux fois plus long que ceux-ci et que la partie renflée, stigmatique. Celle-ci a la forme d'une massue, pourvue de 5 angles glanduleux et terminé par 2 petits lobes divergents. Ovules distribuées en six rangées de huit.

Follicules ascendants à peine divergents au sommet, moniliformes. Graines semblables à celles d'*Urceola*.

Le genre *Aganonerion* ne possède encore qu'une seule espèce, l'*Aganonerion polymorphum*, dont M. Pierre a bien voulu nous donner les matériaux nécessaires à l'étude anatomique suivante :

Tige. — Épiderme à cellules allongées radialement, sclérifiées. Poils courts, coniques, à parois sclérifiées. Parenchyme cortical réduit à cinq ou six assises de cellules rondes. Péricycle montrant dans sa région externe les îlots de fibres cellulosiques que nous avons déjà rencontrés dans un grand nombre de genres (*Parabarium, Chonemorpha*, *Bousigonia*, etc.). Une particularité caractéristique de ce genre consiste en la présence absolument constante dans le liber d'un anneau continu de cellules scléreuses étirées tangentiellement, à parois fortement épaissies. Cet anneau comprend en épaisseur deux à trois cellules. Le liber qui l'encadre est peu développé, il est constitué par des files de cellules tabulaires disposées radialement, qui pénètrent très rarement dans le corps ligneux. Le bois présente un développement anormal, mais symétrique par rapport à un plan médian. Il est partagé en deux zones : la première, concentrique continue, formée de parenchyme ligneux à rares vaisseaux : la seconde est représentée par deux ailes externes symétriquement disposées en croissant à concavité tournée vers l'extérieur, contenant un grand nombre de vaisseaux.

Le liber périmédullaire qui pénètre par place dans la moelle prend, de ce fait, un aspect festonné ; il est formé de cellules assez larges, tantôt rondes et tantôt au contraire irrégulièrement polygonales et à parois ondulées. Quant à la moelle, en grande partie résorbée, elle est constituée par des cellules rondes de nature cellulosique. Oxalate de calcium en très petits cristaux prismatiques dans le parenchyme cortical.

Laticifères rares, mais à lumen très large localisés dans les deux libers.

Cellules épidermiques très développées. Cuticule épaissie, poils pluricellulaires.

Arc libéro-ligneux presque linéaire au centre d'une nervure collenchymateuse au voisinage des épidermes. Péricycle non sclérifié.

Limbe peu lacuneux ; une seule rangée de cellules en palissade.

Feuilles. — Quelques rares laticifères dans les deux libers.

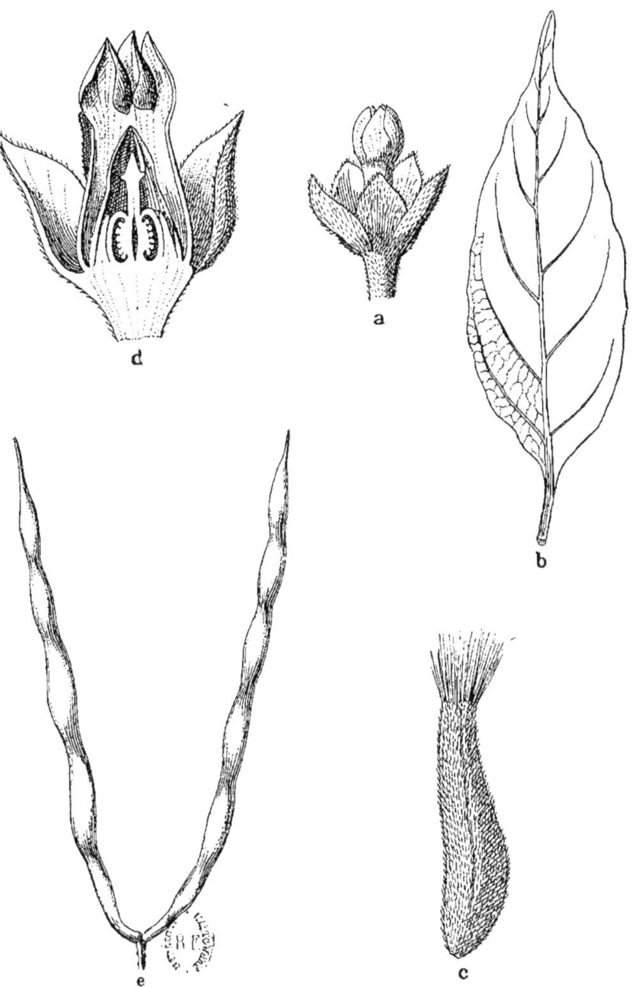

Aganonerion polymorphum Pierre

a, bouton floral ; *b*, feuille ; *c*, graine ; *d*, coupe de la fleur ; *e*, fruit.

V

GENRE MICRECHITES

Calice à cinq sépales fortement imbriqués, un peu connés à la base, pourvus de deux sortes de squames, les unes poilues, les autres glabres. Corolle hypocratériforme à lobes se recouvrant à droite, plus courts que le tube dans lequel ils s'enroulent, falciformes et pourvus à droite d'une dent très courte analogue à celle des *Parabarium*. La corolle ressemble encore beaucoup plus à celle de l'*Aganonerion* comme forme générale, mais le bord droit est dilaté chez *Micrechites*, tandis qu'il diffère peu du gauche chez *Aganonerion*.

Les étamines insérées tout près de la base n'atteignent que la moitié du tube.

Disque très court, fortement lobé comme celui du *Parameria*.

Carpelles sub-oblongs, un peu enfoncés dans le réceptacle, ou velus ou glabres, pourvus de quatre rangées de cinq à huit ovules.

Style court, renflé au sommet, prolongé par un cône charnu pourvu de cinq côtes glanduleuses terminé par deux petits lobes stigmatiques.

Follicules recourbés sur eux-mêmes, ascendants ou circinés. Exocarpe très mince. Endocarpe également mince, subcrustacé.

Graines oblongues, glabres, pourvues seulement d'un coma deux à trois fois plus long qu'elle-même.

L'énumération de ces caractères tantôt semblables à ceux des *Parabarium*, *Parameria*, *Aganonerion*, tantôt complètement différents, permet de séparer ce genre de ses voisins, avec lesquels il a pourtant de grandes analogies. Les caractères de différenciation les plus saillants sont : les squames sépalaires, la forme de la corolle et de ses lobes, l'absence de duvet sur ses graines qui ne contiennent en outre qu'un albumen excessivement réduit.

MICRECHITES BAILLONI Pierre.

Cette plante récoltée par *Balansa* au mont Bavi (Tonkin), a été classée comme espèce nouvelle par M. Pierre. Elle différerait des espèces décrites précédemment en particulier du *Micrechites polyantha* (Miq.) par ses feuilles moins rostrées, sa corolle pubescente en dehors, plus longue de celle des types de Junghun (Java) et de Maingay (Malacca)

MICRECHITES JACQUETI Pierre.

Spire, Coll., n° 5.

Cette liane, signalée pour la première fois en 1900 par M. Breugnot sous les noms de Khua yang thok (caoutchouc qui se coagule spontanément) par les Pou thay, et sous celui de Cha mo bom bom par les Khas, semble avoir un ère d'extension assez vaste.

M. Breugnot l'avait récoltée sur les contreforts du versant septentrional du Phu Luong, près des sources du Huoi ca et du Nam San, affluents du Song Ca. Je l'ai recueilli moi-même entre Tha Do et Xieng Kouang.

M. Jacquet en avait adressé également quelques échantillons d'herbier à la Direction de l'Agriculture d'Hanoï lors de son voyage en 1902, échantillons recueillis à Phu Tuong, près de Cua Rao. La présence de cette liane est encore signalée, sous réserve, dans le Vien Kham où les indigènes la nommeraient Khua Luong.

Nous l'avons rencontrée au Tonkin, dans la forêt entourant la résidence du Détham, lors d'une herborisation faite avec M. le professeur Bois, du Muséum.

C'est une liane n'atteignant jamais, d'après les renseignements indigènes, plus de 5 à 6 centimètres de diamètre. Elle présente deux périodes de croissance très différentes. Jeune, elle apparait sous la forme d'une tige, souple, de 6 à 8 centimètres, couverte d'un duvet pileux, rougeâtre, avec des feuilles presque sessiles, arrondies, exactement opposées, appliquées très étroitement contre l'arbre tuteur sur lequel la liane adhère par de petites racines adventives nées à l'aisselle de ces feuilles. Au bout d'un certain temps, la liane se transforme, pousse des rameaux feuillus totalement différents des premiers, devient volubile, puis la transformation, la lignification de la tige se fait et peu à peu le Yang Thok prend sa forme définitive, son écorce brunâtre crevassée longitudinalement, d'une coloration plus claire dans ses rameaux plus jeunes ; les pousses récentes seules conservent leur souplesse et leur duvet.

Inflorescence très velue, racémiforme, à ramules très courts.

Calice à cinq lobes aigus velus extérieurement, pourvu à sa base de squames également duvetées.

Corolle urcéolée, jaunâtre, à tube plus court que les lobes libres, à extrémité légèrement falciforme se recouvrant à droite dans le bouton, s'étalant en roue légèrement récurvée dans la fleur adulte.

Tube corollaire portant un anneau de poils au niveau et au-dessous de la gorge. Filet très court, aplati; anthères sagittées, faiblement adhérentes au stigmate. Style renflé surmonté d'un stigmate lancéolé, beaucoup plus long que sa base glanduleuse. Disque à cinq dents n'atteignant pas la moitié de la hauteur des carpelles.

Carpelles un peu enfoncés dans le réceptacle, glabres, quoique le fruit soit velu, portant quatre rangées de cinq à six ovules.

Fruit jaunâtre d'abord, puis vert et noir. Double follicule recourbés en bas et circinés ou recourbés en haut et plus ou moins divariqués. Velu dans sa jeunesse, puis lisse à sa maturité. Péricarpe mince, légèrement charnu. Endocarpe très réduit, crustacé.

Graines nombreuses, linéaires, allongées, sinueuses, à section triangulaire, surmontées d'une aigrette soyeuse, lisse. Gros embryon, à radicule courte, à cotylédons développés, à albumen réduit. Placenta mince, à suture ventrale très apparente.

Feuilles jeunes, sessiles, opposées, symétriques, ovales, arrondies, avec un acumen très court brusque, cordiforme à la base, de 4 à 7 centimètres de long sur 4 à 6 de largeur, couvertes sur la face inférieure d'un duvet rougeâtre, moins abondant sur la face supérieure ; six à sept paires de nervures secondaires, séparées par une nervation tertiaire subparallèle, et plus haut par des nervures transversales écartées.

Feuilles adultes, ovales, oblongues, lancéolées, obtuses à la base; pétiole court de 5 à 6 millimètres. Elles ont une longueur moyenne de 5 à 6 centimètres sur 2 à 4 de largeur. Elles portent sept paires de nervures secondaires se rejoignant sur les bords en une nervure marginale.

Tige. — Épiderme avec cellules tabulaires et cuticule peu épaisse, portant des poils allongés, pluricellulaires, unisériés et le plus souvent lignifiés. Formation subéreuse sous-épidermique présentant un liège à une ou deux rangées de cellules peu lignifiées. Phelloderme à peine différencié se confondant avec le parenchyme cortical peu développé, représenté par trois ou quatre rangées de petites cellules allongées tangentiellement. Au-dessous, anneau continu de sclérenchyme séparé du péricycle par trois rangées de cellules, puis éléments scléreux arrondis à parois très épaisses et lumen réduit. Péricycle formé de cellules scléreuses et de fibres tantôt sclérifiées tantôt cellulosiques. Le liber externe, à cellules tangentielles à parois ondulées, s'écrase contre l'anneau de sclérenchyme péricyclique d'une part, et de l'autre s'enfonce dans le bois où il s'invagine : de là, l'aspect crénelé du corps ligneux.

Le bois en anneau continu est plus développé sur deux de ses faces où il atteint une largeur égale au quart du diamètre de la tige. Dans les ailes ainsi formées, les vaisseaux très nombreux ont un large diamètre et des parois très minces.

Le liber interne contenant quelques poches à gomme est deux fois plus épais que le liber normal. Il est circulaire, formé de cellules obscurément polygonales, à parois ondulées, et de tubes criblés irrégulièrement répartis. Dans la moelle, nous trouvons des cellules arrondies, dont la plupart, sclérifiées, présentent quatre à cinq ponctuations ovales ou linéaires.

Laticifères localisés sous le suber, dans le liber normal, où ils sont nombreux et étroits, dans la moelle enfin, mais très rarement dans le liber périmédullaire.

Pétiole. — Épiderme dont les poils pluricellulaires sont de diamètre uniforme. Un seul arc libéro-ligneux, dont les deux extrémités sont très rapprochées. Le bois est entouré par une bande libérienne d'épaisseur égale; il occupe le centre d'un parenchyme presque partout collenchymateux, et s'entoure d'un péricycle non différencié.

Laticifères, en petit nombre dans le liber normal, très abondants dans le parenchyme neural.

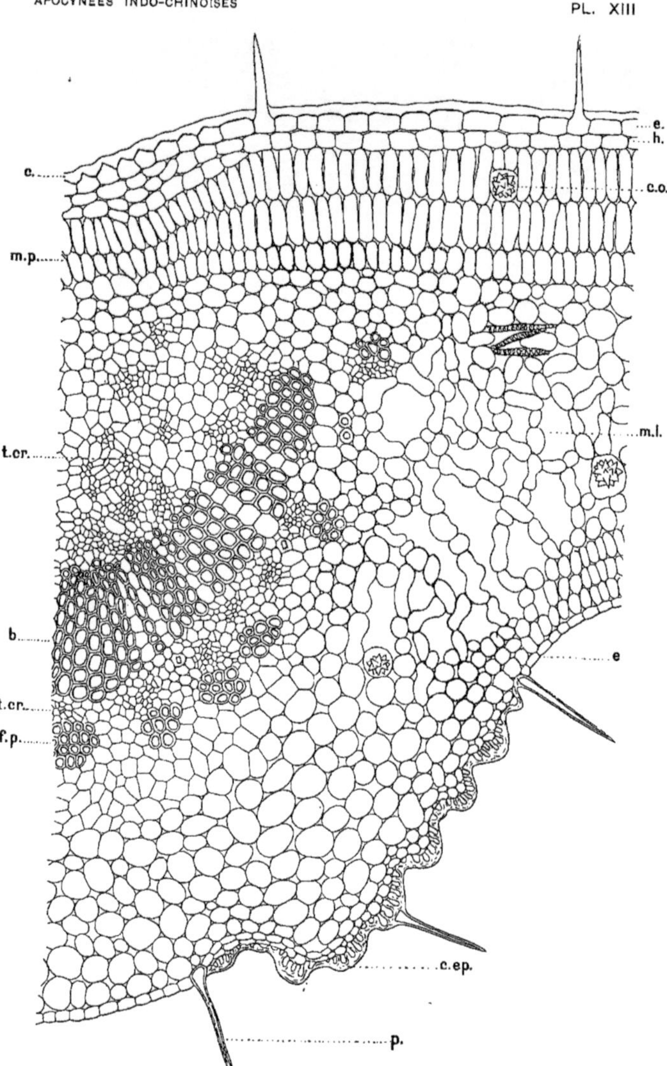

Micrechites Jacqueti Pierre

Coupe transversale de la feuille : *e.* épiderme ; *h.* hypoderme ; *c.o.*, cristaux d'oxalate ; *c.* cuticule ; *m.p.*, cellules palissadiques ; *m.l.*, mésophylle lacuneux ; *t.cr.*, tubes criblés ; *b*, bois ; *f.p.*, fibres péricycliques ; *c.ep.*, cuticule épaissie ; *p.* poil.

Feuille. — Épiderme supérieur rectiligne à cuticule très épaisse, et cellules rectangulaires parfois prolongées en longs poils unicellulaires non lignifiés. Au-dessus de la nervure médiane, l'épiderme s'incurve pour former une sorte de gouttière. En ce point, il est constitué par des cellules à lumen triangulaire rétréci par l'apposition interne de couches de cutine et couvert par une cuticule exagérément développée. Dans toute l'étendue de la feuille, l'épiderme supérieur se dédouble pour constituer un hypoderme à une rangée de cellules tabulaires.

L'épiderme inférieur est ondulé, pourvu de nombreux poils analogues à ceux de la face supérieure. Au niveau de la nervure centrale, il est constitué par des cellules très irrégulières qui poussent de nombreux diverticulum protégés par une cuticule presque aussi épaisse qu'à la face supérieure. Au niveau du limbe, cet épiderme redevenu normal est constitué par une couche de cellules tabulaires. La nervure centrale présente un parenchyme à cellules arrondies, dont les quatre ou cinq premières rangées sont collenchymateuses; au-dessous, apparaissent des paquets de fibres péricycliques non lignifiées, couronnant un arc libéro-ligneux très ouvert, à extrémités pointues. Le liber externe est peu développé; il est formé de cellules ondulées irrégulièrement polygonales et contenant des tubes criblés répartis de façon irrégulière. Le liber interne occupe toute la partie centrale de l'arc ligneux formé de cinq à six vaisseaux disposés en files radiales; il est constitué par un parenchyme libérien, à cellules arrondies dans lequel les tubes criblés disposés par îlots occupent les bords et le centre du bois et se développent même jusque sous l'hypoderme. Parmi les Apocynées étudiées c'est l'espèce dans la feuille de laquelle nous avons rencontré le développement le plus considérable du liber interne.

Mésophylle subcentrique à trois rangées de cellules en palissade étroites, occupant plus de la moitié de l'épaisseur de la feuille. Épiderme inférieur recouvert par deux ou trois rangées de petites cellules palissadiques. Entre ces deux zones existe un mésophylle lacuneux. Le parenchyme palissadique à l'extrémité de la feuille n'est plus représenté que par une seule rangée de cellules sous laquelle viennent se terminer les vaisseaux privés de leur liber. Mâcles d'oxalate de calcium peu nombreuses dans le mésophylle. Prismes à bases losangiques dans le liber et dans le bois.

Les laticifères sont très abondants dans les deux libers.

Pédoncule floral. — Épiderme couvert de poils pluricellulaires, unisériés, à parois très lignifiées. Libers interne et externe formant deux anneaux circulaires concentriques à l'épiderme; le bois au contraire n'est différencié que par places et montre çà et là quelques vaisseaux isolés ou groupés par quatre ou cinq éléments. Moelle formée d'éléments arrondis très inégaux.

Les laticifères sont très larges; rares dans le liber externe, très abondants au contraire dans le liber interne et la moelle.

Fruit. — Péricarpe peu épais ; épiderme lignifié pourvu de poils analogues à ceux de la tige sous lequel se voient sept ou huit rangées de cellules arrondies, à contenu brunâtre qui donne au fruit sa couleur.

Mésocarpe : cellules allongées tangentiellement entourant des faisceaux libéro-ligneux, disposés suivant deux cercles concentriques, le plus externe formé de faisceaux ligneux en éventail, accompagnés d'un liber dont les éléments criblés sont en groupes de quatre ou cinq éléments et couvert par des îlots de douze ou quinze fibres cellulosiques, à lumen arrondi et à parois épaisses. Le cercle libéro-ligneux interne a la même constitution, mais l'on n'y rencontre pas d'îlots fibreux. L'endocarpe non lignifié est constitué par une agglomération d'une quinzaine de rangées de fibres très allongées, à parois minces, dont les plus internes sont longitudinales et obliques.

Laticifères très développés, hexagonaux, à parois épaissies, abondants dans le péricarpe; ils sont extrêmement volumineux autour des formations vasculaires. C'est dans cette espèce que nous avons enregistré, en ce qui concerne les laticifères, le maximum de diamètre.

Graine. — Épiderme : grosses cellules cubiques à parois entièrement épaissies; absence de poils. Tégument parenchymateux homogène. Raphé possédant quatre faisceaux libéro-ligneux elliptiques. Liber entourant le bois. L'albumen constitué par des cellules hexagonales à paroi épaisse, contient deux cotylédons à sections très allongées occupant le centre de la graine.

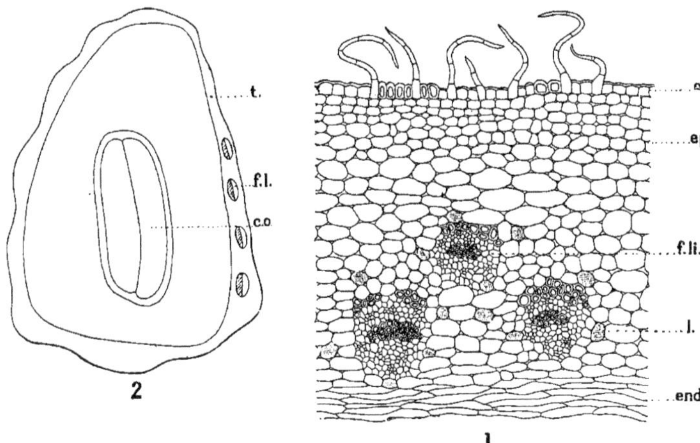

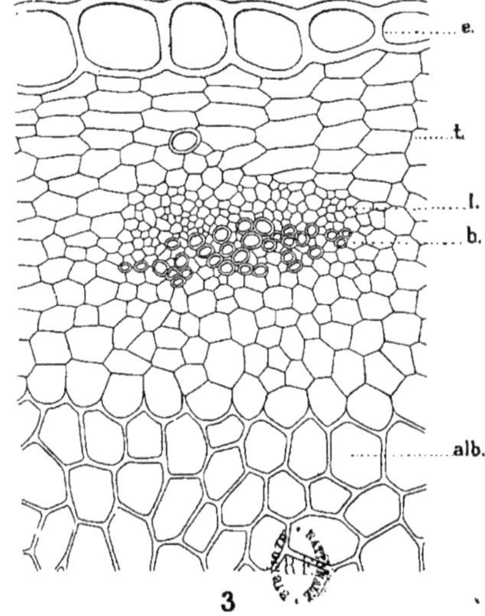

Microchites Jacqueti PIERRE

1, Péricarpe, coupe transversale. — 2, Coupe schématique de la graine. — 3, Tégument de la graine, coupe transversale : *e*, épiderme ; *ep.*, épicarpe ; *f. li.*, faisceaux libéro-ligneux ; *l.*, laticifère ; *end.*, endoderme ; *t.*, tégument ; *f. l.*, faisceaux libéro-ligneux ; *c.o.*, cotylédons ; *e.*, épiderme ; *l.*, liber ; *b.*, bois ; *alb.*, albumen.

Genre XYLINABARIA Pierre.

Cinq sépales imbriqués, sans squames, atteignant à peu près le milieu du tube corollaire. Corolle subcampanulée, à lobes légèrement imbriqués, toujours plus longs que le tube, à bord droit généralement plus développé que le gauche.

Cinq étamines insérées à la base du tube, avec des filets épais et duvetés, des anthères atteignant la longueur du tube. Disque cylindrique entier, à peine plus court que les carpelles.

Carpelles portant deux rangées de cinq ovules. Style semblable à celui de l'Ecdysanthera, plus court que les carpelles, renflé en un gros stigmate, terminé par deux lobes rapprochés, lancéolés.

Follicules stipités, ascendants, ovales lancéolés, à placenta ligneux et libre. Graine identique à celle des genres précédents.

xylinabaria reynaudi Jumelle.

Nous empruntons à M. Jumelle [1] la description de cette liane, adressée, sous le nom indigène de Giai ret, par un colon du Thai Nguyen M. Reynaud, à l'Université de Marseille.

Les rameaux ont une écorce gris clair, riche en caoutchouc. Les plus jeunes branches sont glabres, brunes à l'état sec.

Les feuilles sont opposées, pétiolées, relativement petites. Le pétiole a 8 à 12 millimètres. Le limbe, ovale-elliptique, est généralement acuminé au sommet, mais quelquefois aussi arrondi, ou même échancré ; il est, de même, parfois presque arrondi à la base, mais plus souvent cependant un peu aigu, tout en restant très nettement distinct du pétiole. Il a de 2 à 4 centimètres de longueur sur 1 centimètre 1/2 à 3 centimètres de largeur. Les nervures sont brun rougeâtre, saillantes à la face inférieure : de la nervure principale partent quatre ou cinq paires de nervures secondaires, très obliques et très arquées, non réunies par leurs extrémités.

1. Henry Jumelle, *Pl. à caoutchouc et gutta*, Challamel, 1903, p. 430.

Les fruits, qui terminent des rameaux grêles plus ou moins longs, sont des doubles follicules parallèles, bien séparés l'un de l'autre. Il n'y a jamais qu'un de ces doubles follicules à chaque extrémité de rameau.

Chaque follicule est porté par un petit pédicelle de 2 millimètres environ de longueur et est irrégulièrement ovoïde, le renflement étant situé au voisinage de la base. La longueur totale est, en moyenne, de 6 centimètres, le renflement correspondant à peu près au deuxième centimètre au-dessus du point d'attache. Au-dessous de ce renflement, le follicule s'atténue rapidement vers la base; au-dessus, il se prolonge en une pointe de 4 centimètres environ. La plus grande largeur de la région renflée est de 6 à 8 millimètres.

C'est dans cette partie dilatée que sont les graines, presque toujours au nombre de quatre. Celles-ci ressemblent beaucoup aux graines d'*Ecdysanthera*, mais ne sont pas velues. Elles sont à tégument brun chagriné, très allongées (15 millimètres environ de longueur sur 3 à 4 millimètres de largeur), aiguës à l'extrémité inférieure et tronquées au sommet, qui porte, outre une longue aigrette blanche (35 millimètres de longueur), une couronne de courts poils jaunes.

Par la forme générale des follicules, cette plante se rapproche étroitement du *Xylinabaria minutiflora* Pierre.

XYLINABARIA MINUTIFLORA Pierre

Nous n'avons jamais rencontré au Laos cette liane qui, d'après M. PIERRE, serait très commune au Cambodge et la Basse Cochinchine.

« C'est, dit cet auteur[1], une puissante liane, très laiteuse, atteignant le sommet des plus grands arbres. Ses jeunes rameaux, très velus, ont un diamètre de 2 millimètres, tandis que les adultes sont de la grosseur du bras. Ses feuilles (pétiole 8 millimètres, limbe 7-10 centimètres sur 2 cent. 5 à 7 centimètres) sont oblongues elliptiques, légèrement atténuées et cordulées à la base, terminées en une pointe aiguë, longue de 5 millimètres. Elles sont minces, coriaces, pubescentes en dessous, ciliées glabres en dessus et là un peu brillantes. Les nervures secondaires, au nombre de douze paires, sont élevées

1. *Bulletin de la Société linéenne*, n° 4. Avril 1903.

en dessous, canaliculées en dessus, de même que la nervation intermédiaire dont la direction est transversale.

« Les grappes terminales, à rameaux dichotomes assez longs et terminés par des cymes subombellées, sont longues de 4 à 7 centimètres et velues. Les fleurs, moins longues que les pédicelles, n'ont pas plus de 2 millimètres de long sur 1 millimètre et demi. Les sépales, presque entièrement libres, imbriqués, lancéolés et obtus, dépourvus de glandes à leur base, sont de moitié plus courts que la corolle. Celle-ci, campanulée, velue en dehors, a un tube deux fois plus longs que ses lobes, à peine recouvrant à gauche, réfléchis et pourvus en dedans, sur la partie médiane, d'une ligne de poils hispides. Les étamines, insérées tout près de la base du tube, sont de même longueur que lui. Les filets hispides et larges sont, dans leur partie libre, de même longueur que les appendices divergents et cornés de l'anthère, dont la partie fertile des loges, très petite, est surmontée d'une pointe abrupte et pénicillée. Les carpelles sont rapprochés, supères, semi-cylindriques, tronqués et terminés par une barbe assez longue. Ils sont entourés, jusqu'au tiers supérieur, d'un disque entier cylindrique et glabre. Le style, plus court que les carpelles, renflé dans sa moitié supérieure, adhère par cinq glandes à celles des anthères correspondantes et devient un cône lancéolé, entier dans la partie stigmatique. Chaque carpelle contient deux rangées de quatre à cinq ovules. Des deux follicules, souvent un seul se développe. Stipités, d'abord légèrement divergents à la base, ils sont parallèles ovales lancéolés, quelque peu rugueux, fortement ligneux et longs de 4 centimètres. Les graines, au nombre de quatre à six par follicule, sont entièrement hispides et pourvues à leur extrémité micropylaire et tronquée de soies un peu plus courtes qu'elles-mêmes. Sous un tégument coriace et une très mince couche d'albumen, l'embryon se présente avec des cotylédons oblongs atténués aux deux bouts, d'un quart plus longs que la radicule cylindrique et supère. »

Du follicule, le fait le plus intéressant est un placenta oblong, atténué aux deux bouts, très comprimé et ligneux, empêchant la sortie des graines après la déhiscence. M. Pierre en tire le nom du genre qu'il place dans le voisinage du *Micrechites* Miq. et de l'*Urceola* Roxb.

Description anatomique :

Tige. — Le suber séparé de l'épiderme par quatre ou cinq rangées de cellules, exfolie très vite ce dernier. Il est représenté par quatre ou cinq assises de liège et deux ou trois rangées de phelloderme. Le parenchyme cortical est constitué par des cellules ovales très petites. Ilots péricycliques séparés par deux rangées de cellules formées de sept à huit fibres allongées tangentiellement, à parois épaisses, non lignifiées, de forme subhexagonale, à lumen très réduit. Le liber normal et le liber périmédullaire peu développés sont constitués par des cellules irrégulièrement polygonales. Le bois en anneau continu, dentelé à l'extérieur, est composé d'un parenchyme à petits éléments lignifiés entourant de nombreux vaisseaux à sections arrondies et à parois minces. La moelle est formée de cellules rondes, régulières, plus ou moins lignifiées. Quelques-unes avec des parois très épaisses présentent de fines stries concentriques et des canalicules ainsi qu'un lumen étoilé. Très petits cristaux prismatiques d'oxalate de calcium dans le liber normal ; gros cristaux de même forme dans la moelle.

Laticifères dans les deux libers et dans la moelle, mais en très petit nombre.

Pétiole. — Epiderme formé de cellules arrondies présentant de longs poils unicellulaires, lignifiés, à base hexagonale.

Parenchyme cortical : grosses cellules arrondies à parois ondulées limitant de petits méats irréguliers. Arc ligneux très peu développé, formé de trois rangées de vaisseaux entourées d'un liber réduit analogue à celui de la tige. L'arc ligneux est surmonté à chaque pointe par un très petit faisceau libéro-ligneux concentrique. Cristaux prismatiques d'oxalate de calcium, à base losangique, très volumineux dans le parenchyme, très petits, au contraire, dans les deux libers où l'on en rencontre beaucoup.

Laticifères peu nombreux et localisés seulement dans les deux libers, surtout dans le liber périmédullaire.

Feuille. — Epiderme rectiligne sur les deux faces, pourvu de poils allongés, robustes, unicellulaires, à parois lignifiées. La nervure centrale présente un parenchyme cortical formé de cellules rondes non collenchymateuses, renfermant quelques cristaux octaédriques d'oxalate de calcium. Arc libéro-ligneux normal sans fibres péricycliques. Mésophylle peu développé, constitué presque entièrement par des cellules palissadiques dont les deux premières rangées seules sont caractéristiques.

Laticifères nombreux dans le liber normal et dans la zone comprise entre les deux branches ligneuses.

Pédoncule floral. — Forme elliptique. Même constitution anatomique que la tige, avec anneau libéro-ligneux continu; la moelle diffère seule, étant uniquement parenchymateuse.

Laticifères localisés dans la moelle où ils sont très abondants, et atteignent un grand diamètre.

XYLINABARIA SPIREI Pierre

Khua mak Kha Kay (Liane au fruit comme la cuisse du poulet).

Trouvée dans la forêt située entre Banbo et Napé (province du Cammon). Elle ne se plairait, d'après les indigènes, que dans la grande forêt et au sommet des montagnes; on ne la rencontrerait jamais dans la vallée.

Son latex serait utilisé et entrerait pour une grande part dans la production du caoutchouc de la province du Kamkeut. Elle fleurirait en mars et avril ; en octobre, je n'ai pu recueillir que des échantillons portant des fruits.

Cette liane est très vigoureuse, elle gagne la cime des arbres tuteurs les plus élevés et atteint alors des dimensions très considérables. J'ai vu des Khua mak Kha Kay ayant de 11 à 13 centimètres de diamètre. L'écorce brunâtre est très rugueuse et couverte de stries longitudinales.

Rameaux articulés, glabres à l'état adulte, portant des feuilles opposées, oblongues, lancéolées, de 15 à 20 centimètres de longueur sur 6 cent. 5 à 7 centimètres de largeur, faiblement acuminées, atténuées à la base en un pétiole relativement court, 2 centimètres environ.

9 à 11 paires de nervures secondaires s'arrondissant vers les bords de la feuille; nervures tertiaires sub-parallèles et transversales avec réseau quaternaire très serré.

Fruit. — Double follicule stipité, oblong, lancéolé, arqué, ascendant, atténué vers le sommet. Un follicule bien développé atteint 9 centimètres environ sur 1 cent. 5, au niveau de sa partie renflée qui contient les graines, au nombre d'une douzaine environ.

Graine aplatie à section triangulaire, longue d'un centimètre environ, large de 3 à 4 millimètres, prolongée par un plumet soyeux de 2 cent. 5 de longueur.

Tige. — Épiderme. Formation subérophellodermique sous-épidermique présentant un suber et un phelloderme également développés. Parenchyme cortical épais. Zone péricyclique avec de volumineux îlots de fibres arrondies à parois épaisses non lignifiées. Zone libéro-ligneuse continue ; le cambium ayant fonctionné sur tout son pourtour de façon égale, le bois dans sa partie externe n'est pas crénelé. Liber normal réduit, constitué par des cellules à parois ondulées, et des tubes criblés inégalement répartis. Moelle formée de cellules arrondies, cellulosiques ou lignifiées et portant alors des ponctuations petites et nombreuses. Le parenchyme cortical, la moelle et le liber renferment de gros cristaux prismatiques d'oxalate de calcium.

Laticifères rares dans le péricycle et les deux libers, abondants dans la moelle.

Pétiole. — Épiderme pourvu de poils coniques, unicellulaires, lignifiés. Parenchyme cortical, à cellules irrégulières, subarrondies, ne présentant pas de parties collenchymateuses. Arc libéro-ligneux normal accompagné de chaque côté par un petit faisceau libéro-ligneux concentrique supplémentaire. Cristaux d'oxalate de calcium en groupes de prismes clinorhombiques très abondants dans tous les parenchymes.

Laticifères en petit nombre dans les deux libers et le parenchyme cortical.

Feuille. — Constitution anatomique très voisine du *Xylinibaria minutiflora* Pierre ; les caractères différentiels sont : 1° la présence dans la région péricyclique d'îlots de fibres non lignifiées ; 2° l'existence dans le mésophylle palissadique de deux rangées de cellules légèrement sclérifiées entre lesquelles se trouvent de grosses cellules à mâcle d'oxalate de calcium. La nervure médiane contient

Hanoï, 1902.

Xylinabaria Spirei Pierre
Khua mak kha kay (Cammon)

dans son parenchyme de gros cristaux prismatiques d'oxalate de calcium.

Laticifères. fréquents dans la région péricyclique. dans la zône comprise entre les deux branches de l'arc ligneux, plus rares dans les deux libers, contrairement à ce qui a été signalé dans l'espèce précédente.

Fruit. — Dans l'épicarpe deux zones : l'externe représentée par une dizaine de rangées de cellules allongées tangentiellement, tandis que la deuxième est formée de cellules arrondies. Cette dernière zone présente de gros faisceaux libéro-ligneux couronnés par un liber développé en éventail du côté externe. Le mésocarpe qui lui fait suite sans transition est composé d'abord de grosses cellules rondes. réunies entre elles par des rangées de petites cellules qui les entourent complètement : plus profondément, les éléments du mésocarpe diminuent de diamètre et présentent entre eux de très nombreux méats. Dans cette partie du péricarpe. les faisceaux libéro-ligneux sont nombreux. mais peu développés, et le bois est réduit à deux ou quatre trachées. L'endocarpe est formé de fibres entrecroisées dans tous les sens. les plus externes lignifiées. les autres restant cellulosiques.

Les laticifères se rencontrent dans l'épicarpe. autour des faisceaux libéro-ligneux du mésocarpe. enfin au bord de l'endocarpe dans lequel ils ne pénètrent jamais.

Graines. — Dans le tégument vu de face, on aperçoit des cellules allongées. ovales, à parois très épaisses donnant naissance à des poils à parois minces, arrondis à la base, à pointe très aiguë. En coupe, les cellules de la rangée externe sont carrées et leurs parois externes épaissies. Sous cet épiderme. les parenchymes sont d'abord constitués par des cellules hexagonales à parois étroites allongées tangentiellement : au-dessous, les cellules deviennent de plus en plus régulières. hexagonales jusqu'à l'albumen, qui débute sans zone de transition. Ce dernier est formé par des cellules non épaissies, dépourvues de grains d'amidon, mais contenant comme les téguments des cristaux clinorhombiques d'oxalate de calcium. Le raphé présente de nombreux faisceaux libéro-ligneux, petits, allongés, très espacés.

XYLINABARIA ESCULENTA (Wall.) Pierre

Echites? esculenta Wall., n° 1671.
Chavanesia esculenta A. DC., *Prod.*, VIII, p. 444.

Nous ne ferons que signaler cette liane rencontrée par les botanistes anglais dans tout l'empire birman. Il est fort probable que cette plante existe donc dans les territoires du Haut Mékong soumis à notre protectorat. Dans l'échantillon que nous avons pu examiner dans l'herbier de M. Pierre, la forme et les caractères du fruit permettent l'identification du *Chavancsia esculenta* aux *Xylinabaria* auxquels il ressemble en tout point, tandis qu'il diffère notablement du fruit de l'*Urceola* et du *Chavancsia lucida* A. DC.

*
* *

CONSIDÉRATIONS GÉNÉRALES SUR LES GENRES PRÉCÉDENTS

A. de Candolle distinguait trois sections dans le genre *Ecdysanthera* : La première, dont nous avons énuméré rapidement les caractères différentiels ne comprend, qu'une espèce connue, l'*Ecdysanthera rosea* A. DC.

Une deuxième section, dont nous avons donné également les caractères et qui pour M. Pierre doit, sous le nom de *Parabarium*, constituer un genre nouveau d'Apocynées.

Enfin, une troisième section, séparée à juste titre par Bentham qui en a fait un genre particulier, le *Parameria*.

Les différences essentielles entre le genre *Ecdysanthera* et le *Parabarium* consistent essentiellement :

a) Dans la disposition de la corolle campanulée chez le premier, presque urcéolée chez le deuxième ;

b) Dans la forme des lobes pétalaires dont les deux bords ont un

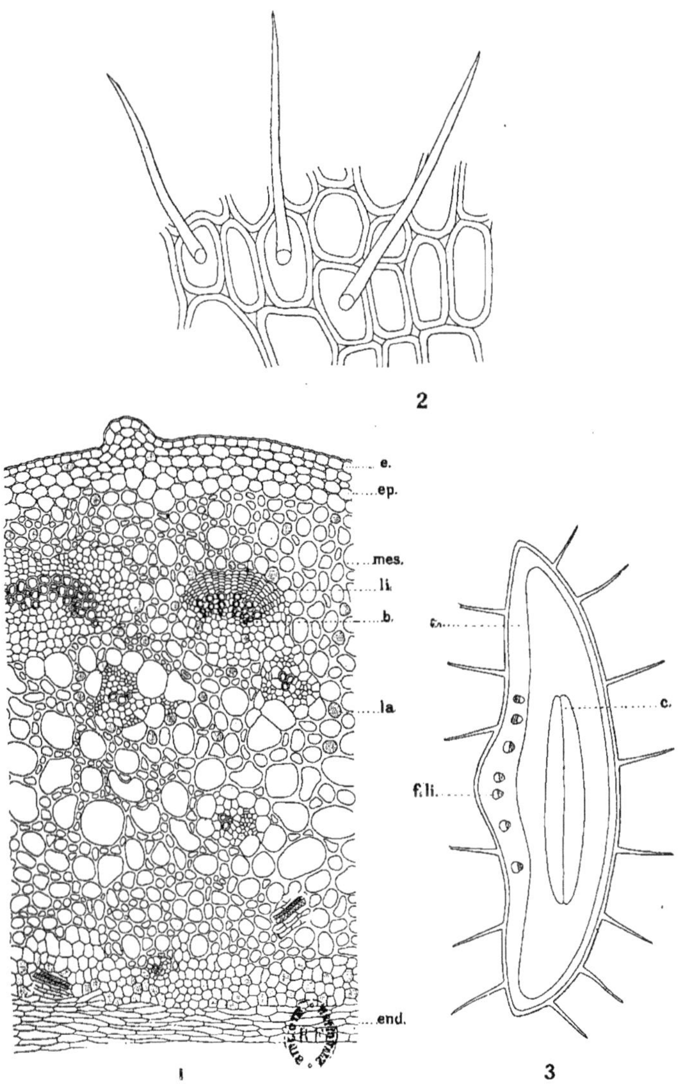

Xylinabaria Spirei PIERRE

1, Coupe du péricarpe. — 2, Tgument de la graine, vu à plat. — 3, Schéma de la graine, coupe transversale : *ep.*, épiderme ; *e.*, cuticule ; *mes.*, mésocarpe ; *li.*, liber ; *b.*, bois ; *la.*, laticifère ; *end.*, endocarpe ; c., cotylédons ; *f. li.*, faisceaux libéroligneux.

égal développement chez l'*Ecdysanthera*, tandis que les *Parabarium* ont un bord gauche dilaté en aile, le bord droit portant une sorte de dent très courte;

c) Le disque est plus haut et non lobé dans l'*Ecdysanthera*.

d) Les carpelles de l'*Ecdysanthera* ont six rangées d'ovules; ceux des *Parabarium*, quatre seulement.

e) L'endocarpe est mince et crustacé chez l'*Ecdysanthera*, très épais chez le *Parabarium*;

Il est donc facile de différencier les *Parabarium* des *Ecdysanthera* tant par les caractères floraux que par ceux du fruit.

Ces caractères méritent d'être rapprochés de ceux que M. Pierre attribue au genre *Aganonerion*. Là nous trouvons : une corolle hypocratériforme à lobes plus courts que le tube, à peu près réguliers sur les deux bords mais subcordés à la base; un disque plus élevé ou égal aux carpelles ; des anthères linéaires oblongues, n'atteignant pas le sommet du tube ; un style plus long que l'ovaire et que la masse stigmatique pourvue de deux lobes divergents ; huit rangées d'ovules par carpelle; le fruit moniliforme est formé de deux follicules ascendants.

La comparaison des *Ecdysanthera* avec le genre *Urceola* est également très intéressante. Comme Baillon l'a fait remarquer, on trouve dans quelques espèces d'*Urceola* une corolle à lobes imbriqués, tandis que dans l'espèce type, soit l'*Urceola elastica*, les lobes sont parfaitement indupliqués valvaires. Le disque a la même hauteur que celui des *Ecdysanthera*, mais il est lobé ; le placenta porte six rangées d'ovules, mais le calice est formé de cinq lobes linéaires, oblongs, dépassant presque la corolle urcéolée.

Quant au fruit et à la graine, ils sont à peu près ceux de l'*Ecdysanthera* et du *Parabarium*.

Dans le genre *Chavanesia* d'A. de Candolle, les différences avec le genre *Urceola* sont plus réduites encore ; pourtant on distingue toujours dans sa corolle urcéolée une faible imbrication ; le disque est aussi élevé que l'ovaire, et l'on constate la présence de quatre rangées d'ovules seulement, comme dans le *Parabarium*. Son fruit, sauf une partie stipitée plus marquée à la base, est celui des *Urceola* et des *Ecdysanthera*.

Poussant plus loin notre comparaison, nous verrons que dans le genre *Xylinabaria* où la corolle est urcéolée ou subcampanulée, il y a une petite imbrication comme dans le *Chavanesia*, deux seules rangées de quatre ovules, un disque un peu plus court que les carpelles, et un fruit très fortement stipité, ce qui a conduit M. Pierre à faire du *Chavanesia esculenta* Bentham une espèce de *Xylinabaria*.

En résumé, de ce rapide examen résulte clairement que si ces genres ont de grandes affinités entre eux, il est toutefois possible de les reconnaître et de les différencier.

Nous résumerons très rapidement dans le tableau suivant les caractères histologiques différentiels de ces genres :

Ilots de fibres péricycliques, suber sous-épidermique	Pétiole avec arc libéro-ligneux ouvert	Hypoderme	Ilots de cellules scléreuses très volumineuses dans la moelle.		*Chavanesia*
			Ilots de petites cellules et dans quelques espèces seulement.		*Parabarium*
		Pas d'hypoderme	Cellules palissadiques plus ou moins lignifiées	3 rangées de cellules palissadiques	*Parameria*
				2 rangées	*Xylinabaria*
			1 rangée de cellules palissadiques non lignifiées	Anneau continu de cellules scléreuses libériennes	*Aganonerion*
				Liber mou	*Ecdysanthera*
	Arc libéro-ligneux presque fermé				*Urceola*
	Arc libéro-ligneux fermé				*Micrechites*

L'histologie nous permet également de réunir et de différencier les nombreuses espèces du genre le plus répandu en Indo-Chine, le genre *Parabarium*. Les caractères anatomiques communs sont les suivants : Poils unicellulaires, suber sous-épidermique, cellules scléreuses dans le parenchyme cortical, péricycle sclérifié, tubes criblés en îlots ; épaississement de l'épiderme de la graine. Les caractères différentiels permettant la diagnose des espèces principales du Laos sont réunis dans le tableau suivant :

Feuille	Pas d'hypoderme.....	Une rangée de cellules palissadiques..		*P. latifolium*
		Deux rangées.........		*P. Quintareti*
	Hypoderme..........	Une rangée de cellules palissadiques..........		*P. Tournieri*
		Deux rangées.........		*P. Spireanum*
		Trois rangées.........		*P. Verneti*
Graine	Épaississement des parois et des angles des cellules du tégument	Des angles supérieurs et inférieurs	Oxalate de calcium.	*P. Quintareti*
			Pas d'oxalate.	*P. Spireanum*
		Des angles inférieurs..........		*P. Tournieri*
	Épaississement des parois externes.....			*P. latifolium*

VII

Genre CHONEMORPHA

CHONEMORPHA GRANDIERIANA[1] Pierre.

Spire, Coll., 3.

Nombreux sont les noms indigènes correspondants à cette espèce de *Chonemorpha* déjà recueillie par M. Pierre dans les montagnes de Baria (Cochinchine). Nous l'avons trouvé pour notre part à Cua Rao sous le nom de Khua mak ngam (fruits en forme de pinces de crabe), sous celui de Mak Kakinn, de Mak Kampon, de Mak thong dans le Cammon, autour de Ban bo.

M. Breugnot avait signalé sa présence dans le huyen de Hoi Nguyen, où j'envoyais des miliciens me rechercher des échantillons floraux, sans résultat, du reste.

J'avais reçu lors de mon séjour à Buitenzorg une série d'échantillons portant des fruits adressés du Bas Laos par M. Achard. En l'absence de fleurs je m'étais borné à comparer ces échantillons avec ceux de l'herbier de l'Institut qui en possède seulement deux variétés.

Le *Chonemorpha Griffithii* Hooker, envoyé par l'herbier de Calcutta ; échantillon sans fruits. Les feuilles se rapprochaient beaucoup de celles du Cua Rao, comme formes, dimensions, caractères de nervation, de revêtement pileux sur le limbe, pétiole et jeunes rameaux.

Le *Chonemorpha macrophylla* ; nombreux échantillons provenant tant de l'herbier de Calcutta que du jardin même où il est planté. Les feuilles en étaient plus larges, cordées à la base et surtout présentaient un parallélisme des nervures tertiaires beaucoup plus régulier que celui de l'échantillon du Laos. Une variété récoltée dans l'archipel malais et que Tejssmann appelle *Chonemorpha mollissima* se rapproche plus de celle du Cua Rao, sans cependant présenter la moindre analogie quant à la disposition des nervures tertiaires.

1. Planchon, *Des Prod. des Apocynées*, p. 269.

Nous avons pu comparer nos échantillons possédant des fruits et des fleurs avec les matériaux florifères de l'herbier d'Indo-Chine de M. Pierre et classer définitivement le Khua mak ngam comme *Chonemorpha Grandieriana*. Cette liane se plairait surtout dans les contrées d'altitude faible, les forêts marécageuses des vallées en particulier.

Fleur. — Calice légèrement pubérulent en dehors, à cinq sépales à peine plus longs que le tube, portant à leur base une série de cinq glandes tronquées, ondulées et larges. Corolle à tube mince, quelquefois curvé, s'atténuant jusqu'au sommet, terminé par cinq lobes falciformes, couvert sur sa partie interne d'un revêtement de poils réfléchis dirigés vers sa base.

Étamines sagittées, insérées presque à la base du tube et atteignant à peine le quart de sa hauteur.

Disque lobé s'élevant jusqu'au milieu des carpelles.

Carpelles glabres. Style renflé au sommet et là même, poilu. Stigmate conique sillonné de cinq rainures glanduleuses et terminé par deux petits lobes.

Rameaux jeunes couverts d'une fine pilosité brun rougeâtre. Rameaux plus anciens, à écorce très rugueuse et couverte de lenticelles.

Pétiole très court (1 cent. 5 environ), complètement recouvert d'un duvet qui se prolonge sur la nervure médiane et le limbe entier.

Feuilles elliptiques d'une longueur variant entre 15 et 20 centimètres sur 9 à 12 de largeur, s'atténuant à la base de chaque côté du pétiole, se terminant à la pointe par une petite extrémité assez brusquement acuminée. Neuf à douze nervures secondaires très accentuées à la face inférieure, se recourbant à leur extrémité pour venir mourir sur les bords du limbe. Nervure tertiaire grossièrement parallèle, fin réseau quaternaire. Face inférieure complètement couverte par un duvet pileux d'un brun rouge, disparaissant petit à petit dans les feuilles anciennes.

Fruit vert à l'état jeune, noirâtre à maturité. Deux follicules presque parallèles, prolongeant la direction du pédoncule, de 25 à 30 centimètres de longueur sur 13 à 16 millimètres de largeur, contenant un grand nombre de graines un peu aplaties ou ayant grossièrement la forme d'une cornemuse, glabres, longues de 2 centimètres environ et terminée par une aigrette soyeuse de 3 à 4 centimètres de longueur.

Tige. — Tige quadrangulaire ailée. Suber très développé, formé de 4 à 5 rangées de cellules rectangulaires allongées, couvrant un phelloderme peu apparent. Dans le parenchyme cortical, les cellules sont aplaties, étirées tangentiellement et leur diamètre diminue progressivement de largeur jusqu'au liber, il contient des cellules scléreuses larges, hexagonales, dont les parois non canaliculées présentent de fines stries concentriques. Liber normal. L'anneau libéro-ligneux complet est constitué par un parenchyme contenant des fibres à sections rectangulaires disposées radialement, séparées par de rares rayons médullaires à une rangée de cellules lignifiées. On rencontre çà et là quelques vaisseaux hexagonaux à parois un peu plus épaisses que celles des fibres. Les vaisseaux primaires sont entourés d'une zone de parenchyme ligneux non lignifié. Le liber périmédullaire, moins large que le liber normal, présente des cellules irrégulièrement polygonales, à parois ondulées. Moelle formée de cellulos obscurément hexagonales, contenant au centre des groupes de 10 à 12 cellules scléreuses, ponctuées, à parois épaisses avec stries concentriques et fins canalicules. L'oxalate de calcium est très répandu dans toute la tige; on le rencontre sous la forme prismatique dans les deux libers et le parenchyme cortical. Souvent les sclérites de la moelle contiennent un volumineux cristal prismatique d'oxalate de calcium. En général, pour cette espèce, les cristaux sont groupés au voisinage des éléments lignifiés.

Laticifères rares dans le liber normal, abondants dans la moelle où ils prennent un diamètre supérieur à ceux de la zone libérienne. Poches à gomme autour de la moelle et dans l'intérieur du liber périmédullaire.

Pétiole. — Épiderme formé de cellules rectangulaires, avec petits poils sclérifiés à leur base. Le parenchyme très développé ne possède pas de cellules scléreuses comme la tige, il contient dans son axe un faisceau libéro-ligneux petit, concentrique, à bois central. Nombreux cristaux clinorhombiques en îlots sous-épidermiques.

Laticifères nombreux au voisinage du liber périmédullaire.

Feuille. — Épiderme supérieur à cellules hexagonales, à parois minces. Épiderme inférieur présentant des stomates très volumineux, à 2 cellules annexes, et des poils disposés surtout le long des nervures. Par transparence, on aperçoit de nombreux cristaux d'oxalate de calcium près des nervures. Nervure centrale occupée par un anneau libéro-ligneux en V très ouvert, pourvu d'un liber mou, à cellules étirées dont les parois sont ondulées. La concavité de l'arc ligneux contient un parenchyme mou, dans lequel se différencient quelques tubes criblés. Le parenchyme cortical, à cellules arrondies, est collenchymateux à sa partie supérieure et inférieure. Le limbe présente un épiderme à cellules rectangulaires dont quelques-unes subissent un dédoublement tangentiel. L'épiderme inférieur est formé de cellules très petites, portant parfois de longs poils unicellulaires cutinisés surtout à la base. Mésophylle bifacial. Parenchyme palissadique à une rangée de cellules occupant 1/6 de l'épaisseur totale de la feuille. Quelques-unes de ces cellules sont arrondies et renferment alors une grosse mâcle d'oxalate de calcium. Le reste du limbe est lacuneux. Tout le parenchyme se montre pourvu de cristaux clinorhombiques d'oxalate de calcium. On les retrouve également en longues files disposées parallèlement aux vaisseaux du limbe.

Laticifères peu développés dans les libers et la moelle.

Fruit. — Péricarpe très réduit. L'épicarpe est représenté par 4 ou 5 rangées de petites cellules arrondies dont le contenu cellulaire brun colore le fruit. Mésocarpe à 5 ou 6 assises de grosses cellules arrondies, renfermant les faisceaux qui, très développés à la périphérie, se réduisent de plus en plus vers l'intérieur. Ils sont constitués par quelques trachées en files radiales recouvertes du côté externe par des îlots de tissu criblé, ces derniers étant eux-mêmes entourés par un parenchyme libérien à cellules hexagonales. Dans la zone de déhiscence, les cellules du mésocarpe s'allongent radialement, tandis que les faisceaux libéro-ligneux s'entourent d'un îlot sclérenchymateux. Enfin, l'endocarpe est formé de fibres, le plus souvent cellulosiques, irrégulièrement enchevêtrées.

Laticifères dans la partie externe du mésocarpe et tout autour des faisceaux libéro-ligneux, exceptionnellement dans le liber.

Graine. — Le tégument vu à plat montre de larges cellules hexagonales à parois minces, à angles arrondis, limitant entre elles de très petits méats. En coupe transversale, ces premières cellules du tégument apparaissnt épaissies extérieurement. Au-dessous, les cellules s'allongent et renferment presque toutes un cristal prismatique à base losangique d'oxalate de calcium. Les cellules deviennent ensuite régulièrement polygonales où, presque tabulaires, à mesure que l'on s'approche de l'albumen elles renferment de nombreux grains d'amidon. Dans la région du raphé on remarque quelques faisceaux libéro-ligneux allongés, à bois central. Dans l'albumen, les cellules sont régulièrement polygonales et renferment des globules huileux, de gros grains d'aleurone, enfin une grande quantité de petits grains d'amidon arrondis. Les cotylédons sont formés de cellules hexagonales plus petites que celles de l'albumen ; leur première rangée affecte une allure épidermique. Absence de laticifères dans la graine. Pl. XIX.

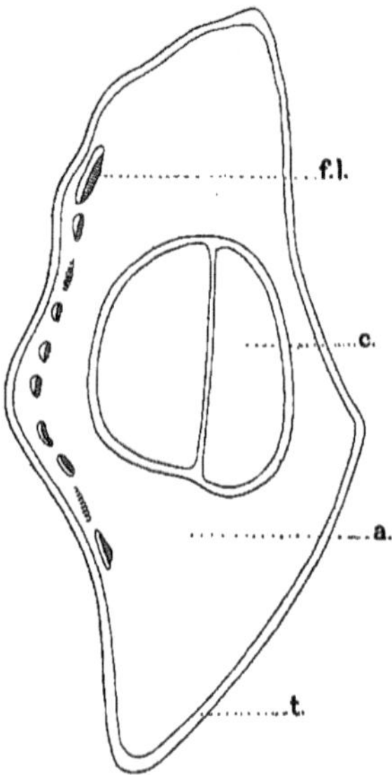

Chonemorpha Grandieriana Pierre

Coupe schématique de la graine : *t.*, tégument; *a.*, albumen; *f. l.*, faisceaux libéro-ligneux; c., cotylédons.

CHONEMORPHA MEGACALYX Pierre

Spire, Coll., n° 17.

Khua bi sang deng, liane à fleurs rouges (deng rouge) des Laotiens. Khua pri yen des Méos du Tranninh. Cette liane est très abondante dans les montagnes entourant le grand plateau laotien.

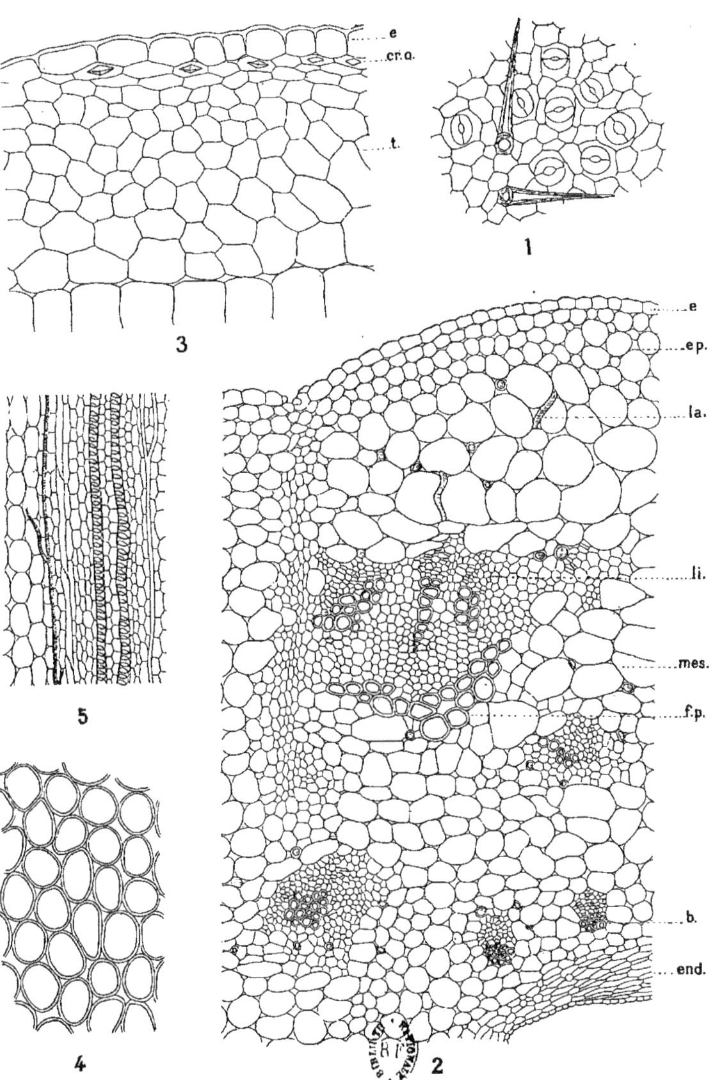

Chonemorpha Grandieriana PIERRE

1, Épiderme inférieur de la feuille. — 2, Coupe transversale du péricarpe. — 3, Tégument de la graine. — 4, Épiderme supérieur de la feuille. — 5, Coupe longitudinale d'un faisceau libéro-ligneux du péricarpe : *ep.*, épiderme ; *e.*, cuticule ; *la.*, laticifère ; *li.*, liber ; *mes.*, mésocarpe ; *f.p.*, fibres péricycliques ; *b.*, bois ; *end.*, endocarpe ; *e.*, cuticule ; *cr.o.*, cristaux d'oxalate ; *t*, tégument.

Elle donne un produit légèrement gommeux, d'un blanc nacré, assez riche en caoutchouc.

Elle n'atteindrait jamais des dimensions bien considérables. Les plus beaux échantillons qu'il me fut donné d'examiner près du Pou Khé n'atteignaient pas 6 centimètres de diamètre. La coloration pourpre de ses fleurs permet de les retrouver facilement dans la forêt très dense où cette liane semble se plaire. Elle fleurit en juillet, août, et fructifie en novembre.

Inflorescence en cyme corymbiforme. Bouton pyriforme tordu à droite.

Calice en forme de siphon terminée par 5 dents très courtes, dépassant le milieu du tube corollaire ; sa face externe est villeuse ; 5 glandes dentées à sa base interne.

Corolle à 5 pétales soudées en un long tube, le 1/4 supérieur seulement restant libre et s'étalant horizontalement. Gorge rétrécie par des cercles de longs poils très serrés qui couvrent toute la face interne du tube, jusqu'à la pointe des anthères. Étamines sagittées.

Disque ondulé au sommet recouvrant complètement les carpelles,

Style plus long que sa partie supérieure renflée et pourvue de 5 cannelures terminées par 5 petits lobes aussi longs que le stigmate, du reste très court.

Carpelles semi-infères pourvus de 4 séries de 12 à 14 ovules.

Follicule double, ascendant, caréné, à extrémité crochue, 25 centimètres sur 1 cent. 5, de section triangulaire, lisse, contenant de nombreuses graines, claviformes.

Rameaux jeunes et pédoncules complètement recouverts d'un duvet brun rougeâtre.

Feuilles ovales, arrondies à la base, terminées brusquement par un acumen pointu, très grandes jusqu'à 25 centimètres de longueur sur 16 de large, velues sur leur face inférieure.

11 à 13 paires de nervures secondaires réunies entre elles par un réseau tertiaire de nervures transversales parallèles.

Tige. — Tige dentelée, présentant un épiderme constitué par de hautes cellules, allongées, rectangulaires, lignifiées comme la cuticule. Poils courts, élargis à la base, lignifiés, s'invaginant dans des massifs de cellules en forme de crêtes qui donnent à la tige son apparence crênelée. (Fig. 4.)

Le parenchyme cortical est formé par une dizaine de rangées de cellules rondes à parois ondulées. Le péricycle montre des îlots formés de fibres cellulosiques irrégulières à lumen très réduit, réunies par 15 à 20 éléments. Ces îlots pénètrent même dans le liber jusqu'au voisinage du cambium. Dans le liber externe, on rencontre des cellules ondulées, dont quelques-unes par cloisonnement ont donné naissance à de très petits tubes criblés. Ceux-ci en coupe longitudinale se montrent pourvus d'un crible presque vertical à fines ponctuations. Aux jonctions de ces cloisons avec les parois verticales, se produisent de petits renflements caractéristiques. Le liber ainsi constitué s'invagine dans le bois et donne au corps ligneux un aspect crénelé. Le liber périmédullaire moins développé et de constitution analogue au liber normal, mais dépourvu de fibres, ne pénètre pas dans le bois. Ses éléments criblés ne se réunissent pas en îlots, comme nous l'avons observé dans le genre *Parabarium*.

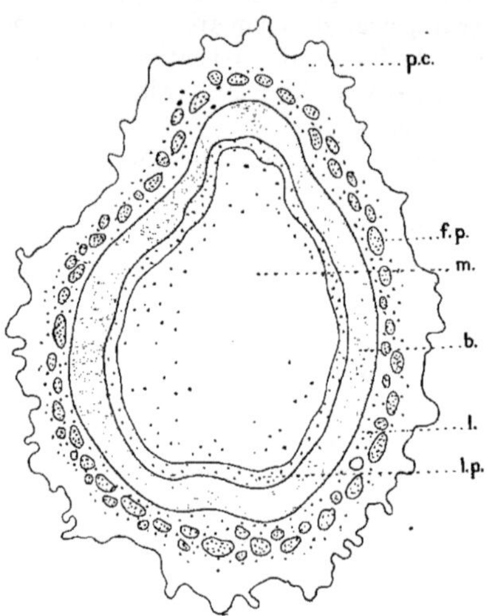

Fig. 4 — *Chonemorpha megacalyx* Pierre

Tige, coupe schématique : *p. c.*, parenchyme cortical ; *b.*, bois ; *l.*, liber ; *m.*, moelle ; *l.p.*, liber périmédullaire ; *f.p.*, fibres péricycliques.

Le bois est formé de vaisseaux hexagonaux, spiralés, ponctués, réticulés, disposés en files radiales entourées d'un parenchyme lignifié. Nombreux rayons médullaires lignifiés à une rangée de cellules subrectangulaires.

Moelle en partie résorbée à larges cellules irrégulières, avec parois ondulées, cellulosiques. Dans le corps ligneux et le liber se rencontrent des cristaux prismatiques d'oxalate de calcium à base carrée.

L'appareil secréteur est représenté par des poches à gomme peu développées, sur lesquelles nous reviendrons plus tard, et de nombreux laticifères de coupe irrégulière, souvent ovale ; abondants dans la moelle et le parenchyme cortical, jusque sous l'épiderme, ils existent également mais moins développés dans les deux libers.

Pétiole. — Constitution anatomique analogue à celle de la tige, mais avec présence de deux petits faisceaux libéro-ligneux, couronnant l'arc central. Absence de fibres et de poches gommeuses.

Les laticifères peu nombreux sont localisés au voisinage des deux libers dans lesquels ils ne pénètrent jamais.

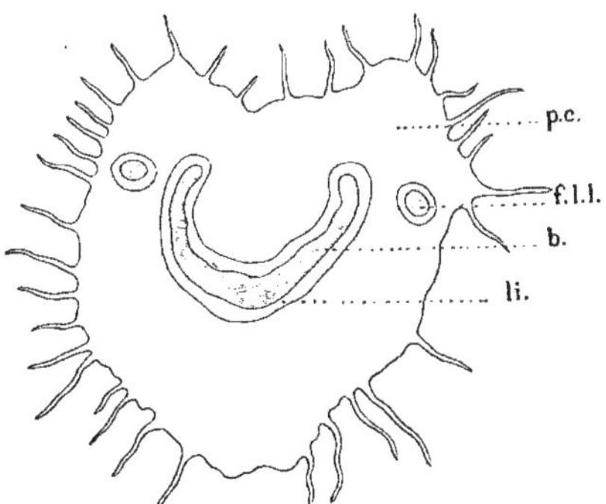

Fig. 5. — *Chonemorpha megacalyx* PIERRE.

Coupe transversale schématique du pétiole : *p.c.*, parenchyme cortical ; *f.l. l.*, faisceaux libéro-ligneux ; *b.*, bois ; *li.*, liber.

Feuille. — Épiderme supérieur à cellules régulières, allongées tangentiellement, dont quelques-unes par cloisonnement successif forment un massif dont un élément se transforme en poil allongé, pluricellulaire, unisérié. L'épiderme inférieur également pourvu de poils est constitué par des cellules plus petites et de même forme que celles de l'épiderme supérieur.

La nervure centrale, dont le parenchyme est formé de cellules irrégulières, collenchymateuses sous l'épiderme, présente au centre un arc libéro-ligneux, en croissant très fermé, avec vaisseaux à parois minces et à rayons médullaires cellulosiques. Le liber entoure complètement l'arc ligneux, il est formé d'éléments ondulés, et dépourvu de fibres ; le liber interne remplit toute la concavité de l'arc ligneux et les tubes criblés sont disséminés au hasard dans ce parenchyme ; les cellules libériennes centrales sont écrasées et forment des bandes allongées se colorant fortement par le carmin.

La partie supérieure de la nervure possède un triangle de collenchyme dont la pointe pénètre jusqu'au voisinage du liber interne très développé.

Mésophylle bifacial à une seule rangée de cellules palissadiques

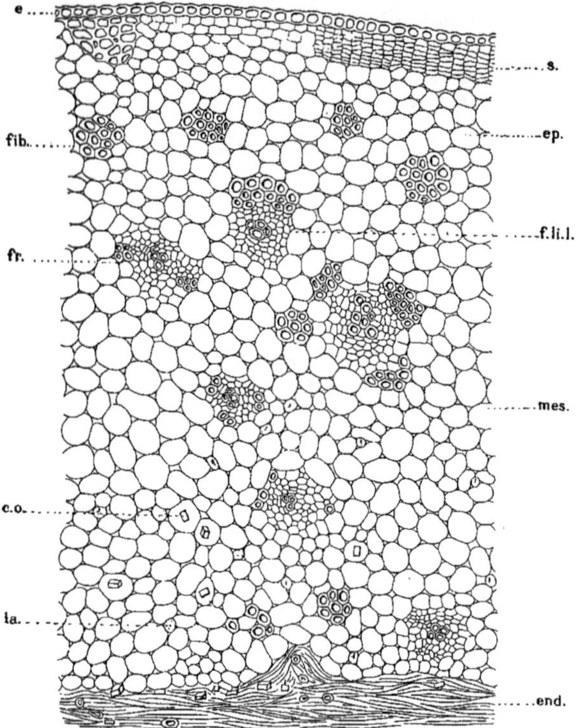

Fig. 6. — *Chonemorpha megacalyx* Pierre

Coupe transversale du péricarpe : *e.*, épiderme ; *ep.*, épicarpe ; *f. li. l.*, faisceaux libéro-ligneux ; *fr.*, fibres ; *mes.*, mésocarpe ; c. *o.*, cristaux d'oxalate de calcium ; *la.*, laticifère ; *end.*, endocarpe.

occupant plus du tiers du limbe, au-dessous, mésophylle lacuneux à cellules en sablier.

Les laticifères sont rares dans le parenchyme cortical et le liber normal. Ils deviennent abondants au voisinage du liber interne.

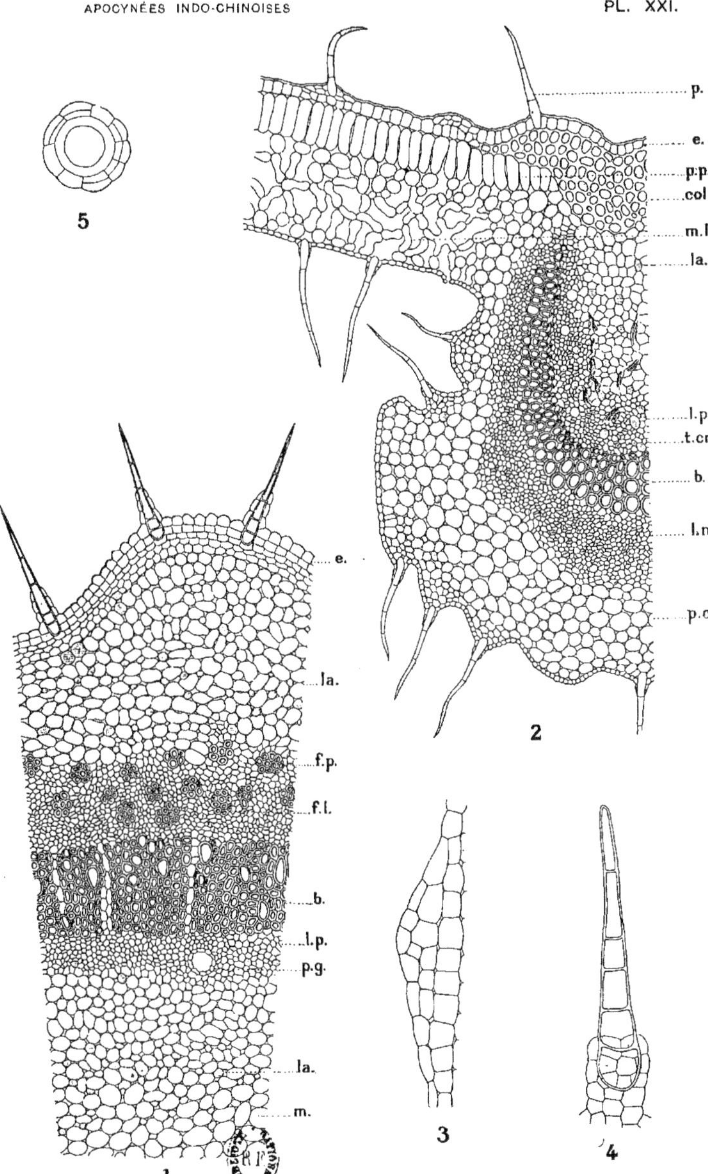

Chonemorpha megacalyx Pierre

1, Tige, coupe transversale. — 2, Feuille, coupe transversale. — 3, Massif épidermique donnant naissance aux poils. — 4, Poil en coupe longitudinale. — 5, En coupe transversale : *e.*, épiderme; *la.*, laticifère; *f.p.*, fibres péricycliques; *f.l.*, fibres libériennes; *b.*, bois; *l.p.*, liber périmédullaire; *p.g.*, poche à gomme; *m.*, moelle; *p.*, poil; *p.p.*, parenchyme palissadique; *col.*, collenchyme; *m.l.*, mésophylle lacuneux; *t.cr.*, tissu criblé; *l.n.*, liber normal; *p.c.*, parenchyme cortical.

Pédoncule floral. — Épiderme à cuticule lignifiée, pourvue de poils unicellulaires également lignifiés.

Parenchyme cortical à cellules sensiblement polygonales. Ilots de fibres libériennes et péricycliques à disposition alterne. Arc libéro-ligneux continu, à bois et liber normal. Moelle à éléments irréguliers, arrondis, entourés par un liber interne, festonné.

Prismes d'oxalate de calcium dans la moelle et les deux libers.

Fruit. — Épiderme à cellules arrondies; cuticule légèrement lignifiée et longs poils pluricellaires unisériés. L'épicarpe présentant des péridermes locaux est constitué par une zone de 5 à 6 rangées de cellules à orientation tangentielle, colorées en brun rouge. Le mésocarpe très large se différencie difficilement de l'épicarpe; au milieu des cellules régulières arrondies, à parois sinueuses, peu épaisses se montrent de nombreux faisceaux libéro-ligneux circulaires dont les tubes criblés sont périphériques. Les faisceaux libéro-ligneux sont protégés par des îlots (4 ou 5) de fibres péricycliques groupées par 50 ou 70 éléments hexagonaux, à lumen allongé, à parois dépourvues de stries concentriques. Ces îlots fibreux développés avant les formations du bois ont des proportions exagérées par rapport surtout à la réduction des faisceaux libéro-ligneux.

Ces derniers très abondants, très développés dans la partie externe du mésocarpe, diminuent de nombre et de dimension à mesure que l'on pénètre plus profondément. En face de la lame de déhiscence, les couches du mésocarpe présentent une bande de 4 à 5 rangées de cellules radiales. L'endocarpe étroit est formé de fibres scléreuses enchevêtrées, à lumen linéaire où aboutissent de fins canalicules. Entre ces fibres on trouve de nombreux cristaux prismatiques d'oxalate de calcium.

Les laticifères sont rares dans l'épicarpe, ils augmentent en nombre à mesure que l'on pénètre dans le mésocarpe. Ils subsistent jusqu'au voisinage de l'endocarpe, mais ne pénètrent pas dans cette zone, fig. 6.

CHONEMORPHA GRIFFITHII Hooker.

SPIRE, Coll., n° 19.

Connue au Tranninh sous le nom Mèo de Tyang papa (frangipanier de forêt); cette liane semble totalement ignorée des Laotiens du plateau. Elle pousserait seulement, d'après les indigènes du Pou Khé, sur la cîme des montagnes, dans les forêts humides et profondes. Elle fleurit en juin, en grandes cymes de fleurs blanches sans odeur.

Nous résumerons rapidement ses caractères botaniques principaux pour en permettre la comparaison avec le type décrit très succinctement par HOOKER.

Inflorescence en cyme corymbiforme.

Bouton claviforme; calice petit à sépales laciniés libres dans leurs 3/4 supérieurs (ce qu'on ne trouve dans aucune autre espèce du genre), portant des écailles glanduleuses à leur base. Tube corollaire six fois plus grand que le calice et sensiblement égal comme longueur aux lobes étalés. Le tube est couvert sur toute sa face interne d'un revêtement pileux, il est rétréci dans son quart inférieur où sont insérées les étamines. Anthères sagittées, filets aplatis, velus sur leur face interne. Ovaire biloculaire à 4 rangées d'ovules par loge entouré d'un disque annulaire moins haut que lui, à 5 dents obtuses. Style claviforme muni d'un anneau à cinq facettes représentant les points d'adhérence des étamines. Stigmate conique.

Fruit formé de deux follicules corniculés, rapprochés, à placenta mince.

Graines en forme de cornemuse, de section grossièrement triangulaire, se prolongeant en un tube court que surmonte l'aigrette. Embryon petit; radicule plus courte que les deux feuilles cotylédonaires.

Feuilles ovales arrondies, pourvues d'un court acumen, cordées à la base, de 23 à 27 centimètres de longueur sur 14 à 17 centimètres de largeur, velues sur les deux faces, surtout à la face inférieure ; 9 à 11 paires de nervures secondaires réunies entre elles par une nervation tertiaire transversale et parallèle, toutes très saillantes. Tige anguleuse, creuse, striée, glabre à l'état adulte, duveteuse dans les jeunes rameaux.

Tige. — Epiderme à cellules lignifiées surmontées de poils courts, coniques, unicellulaires, également lignifiés. Développement considérable du suber formé par 7 à 8 rangées de cellules tabulaires ; le phelloderme, au contraire, est à peine apparent. Parenchyme cortical très épais, constitué par des cellules rondes, régulières, il se transforme sous le suber en un anneau presque continu (4 ou 5 assises) de cellules scléreuses isodiamétriques à parois peu épaisses, lignifiées, rappelant celui des Lauracées. Le péricycle présente des ilots irréguliers, formés de 25 à 30 fibres non lignifiées. Le liber en anneau circulaire continu, très réduit, est constitué par des cellules irrégulièrement polygonales, où les tubes criblés sont difficilement reconnaissables. Il semble par endroit pénétrer dans le bois par suite d'un fonctionnement irrégulier du cambium, ce qui donne au corps ligneux un aspect crénelé. Quelques vaisseaux du bois sont obstrués par des thylles. Le liber perimédullaire double du liber normal est composé de cellules plus développées que celles de ce dernier ; elles limitent de petits méats triangulaires caractéristiques. Ce liber est surmonté par des îlots de fibres cellulosiques comme le liber normal. Dans la moelle, souvent résorbée dans les tiges âgées, on trouve de grosses cellules de forme subarrondie dont les parois sont ondulées.

Laticifères disséminés dans tous les parenchymes et les deux libers, mais surtout dans le liber périmédullaire.

Pétiole. — Épiderme portant des poils lignifiés plus longs que ceux de la tige. La constitution anatomique générale est la même que celle de l'espèce précédente, toutefois le parenchyme cortical est collenchymateux et présente de petits méats triangulaires.

Feuille. — Nervure centrale très développée. Épiderme supérieur rectiligne, portant quelques poils allongés, unicellulaires, lignifiés à la base : il est formé de cellules épaisses, rectangulaires, allongées, subissant parfois un cloisonnement tangentiel (tendance à former un hypoderme qui ne se développe jamais, même chez les feuilles âgées). Épiderme inférieur mamelonné à cellules irrégulières portant des poils entièrement lignifiés. Le parenchyme cortical de la nervure est collenchymateux dans sa partie inférieure et supérieure. L'arc ligneux à extrémités recourbées est formé de vaisseaux arrondis, à parois peu épaisses, disposés en files radiales. Rayons médullaires non lignifiés. Le cambium a fonctionné irrégulièrement, si bien que l'arc ligneux dans sa partie externe présente un aspect crénelé comme dans la tige. Le liber, surtout très développé dans la partie convexe du bois qu'il remplit totalement, est constitué par un parenchyme libérien à cellules arrondies ou régulièrement polygonales. Les tubes criblés et leurs cellules compagnes sont disposés en îlots très nettement différenciés. Mésophylle bifacial ; tissu palissadique occupant à peine le quart du limbe, et composé de 2 rangées de cellules ; mésophylle lacuneux à cellules irrégulièrement rectangulaires. Très rares cristaux prismatiques d'oxalate de calcium dans les deux libers de la nervure centrale, abondants dans les libers des nervures secondaires du limbe.

Laticifères nombreux dans les deux libers de la nervure médiane.

Fruit. — Caractères anatomiques identiques à ceux de *Chonemorpha megacalyx*, mais l'épiderme est lignifié et les îlots fibreux du mésocarpe sont formés d'un plus grand nombre d'éléments. Enfin l'endocarpe est constitué le plus souvent par des fibres orientées dans tous les sens et franchement lignifiées.

Laticifères très abondants dans toutes les parties du péricarpe, même dans l'endocarpe ; ils sont étroits et se colorent en violet foncé par l'orcanette acétique.

Graine. — Épiderme formé de cellules cubiques à parois non épaissies. Les couches tégumentaires renferment des cellules, régulièrement polygonales, qui ne diffèrent que par leurs dimensions ; on y rencontre quelquefois de petits prismes d'oxalate de calcium. Albumen à cellules hexagonales. Cotylédons peu développés, à coupe transversale arrondie. Le raphé présente des faisceaux libéro-ligneux circulaires dont les tubes criblés en îlots sont entourés par du parenchyme libérien à cellules hexagonales régulières.

Absence de laticifères.

CHONEMORPHA MACROPHYLLA [1] G. Don.

Chonemorpha mollis Miquel.

Cultivé dans le jardin botanique de Buitenzorg (où je l'ai recueilli), probablement par erreur d'étiquetage, sous le nom de *Landolphia madagascariensis*, XVI, C. 75.

1. G. DON *Gen. Syst. Gard.*, § 4, p. 76.
A. DC., Prod., VIII, p. 430.

Ce serait certainement le *Chonemorpha macrophylla* G. Don, d'après les échantillons que nous avons pu examiner. Les caractères de la feuille et des fleurs sont exactement ceux de l'espèce. Miquel a été conduit à créer l'espèce *mollis* en se basant sur les caractères de la nervation tertiaire nettement transversale que Wight, *Icones*, 432, n'avait pas représenté dans le dessin du *Macrophylla*.

VIII

Genre NOUETTEA Pierre

Le genre *Nouettea*, voisin de *Chonemorpha* et *Amalocalyx*, a été créé par M. Pierre. Il présente les caractères génériques suivants :

Calice très profondément divisé. Sépales oblongs, obtus, velus extérieurement, imbriqués, portant à leurs bases trois squames libres entre elles et terminées par des poils comme dans les *Micrechites*.

Corolle infundibuliforme à gorge rétrécie, à tube renflé au milieu, presque aussi long que les lobes sans écailles, avec un revêtement pileux au-dessous des étamines. Lobes tordus à gauche et se recouvrant à droite.

Étamines insérées dans la partie médiane du tube, filet très court, anthères sagittées, terminées par deux cornes parallèles, courtes et stériles. Disque annulaire à cinq dents, plus long que les ovaires. Quatre rangées de huit ovules. Stigmate petit, obtus, à cinq côtes.

NOUETTEA COCHINCHINENSIS Pierre

Nous n'avons jamais rencontré au Laos le *Nouettea cochinchinensis* recueillie par M. Pierre dans les environs de Bentré (Cochinchine). Les éléments d'herbier qui nous ont permis l'étude histologique de ce genre proviennent de la collection de cet auteur.

Nous ne reproduirons pas ici la description botanique de cette plante (fig. 7) dont le fruit n'est pas encore connu[1-2], et nous commencerons de suite l'étude de ses caractères anatomiques.

Tige. — Suber peu développé, parenchyme cortical réduit à quatre ou cinq assises de cellules presque rectangulaires. Péricycle en anneau à peu près continu de grosses fibres cellulosiques déformées

1. Planchon, *Prod. des Apocyn.*, p. 296 et 325.
2. Pierre, *Bull. Soc. Linn.*, Paris, II, 30.

par leur pression réciproque. Liber composé de cellules polygonales à parois légèrement ondulées. Bois épais dont le parenchyme à éléments rectangulaires sclérifiés entoure des vaisseaux nombreux mais de petit diamètre. Le liber périmédullaire est peu développé et de constitution analogue au liber normal. La moelle est presque toujours complètement résorbée.

Laticifères rares et limités au liber externe.

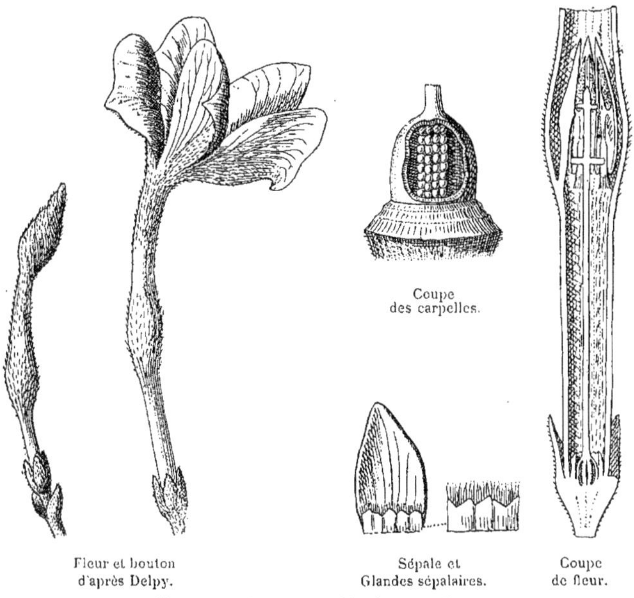

Fleur et bouton d'après Delpy. — Sépale et Glandes sépalaires. — Coupe de fleur.

Fig. 7. — *Nouettea cochinchinensis* Pierre

Pétiole. — Épiderme festonné, à cellules arrondies présentant des poils.

Le parenchyme cortical est d'abord collenchymateux dans ses quatre à cinq premières assises de cellules ; plus profondément, celles-ci ne sont plus limitées que par des parois très minces. Trois faisceaux libéro-ligneux : un principal médian et deux latéraux. Le faisceau principal est un arc très fermé, entouré complètement par un liber à cellules ondulés, très développé surtout entre les deux branches. Gros cristaux d'oxalate de calcium en mâcles et en prismes clinorhombiques dans les cellules du parenchyme cortical.

Laticifères peu nombreux dans les deux libers et l'écorce.

Feuille. — Épiderme supérieur rectiligne, incurvé seulement au niveau de la nervure médiane. Au-dessous, hypoderme à cellules tabulaires d'une épaisseur très inférieure à celles des cellules épidermiques. Épiderme inférieur couvert de petites crêtes correspondant à l'insertion des poils. Nervure centrale sans fibres. Au centre, arc libéro-ligneux en croissant très ouvert, entouré par un parenchyme à cellules irrégulières, collenchymateuses près des épidermes. Mésophylle palissadique occupant un tiers de sa largeur totale. Au-dessous, mésophylle très lacuneux. Prismes clinorhombiques volumineux d'oxalate de calcium dans le parenchyme cortical de la nervure centrale, et dans le mésophylle palissadique.

Laticifères rares et peu développés dans les libers, très nombreux dans le parenchyme cortical de la nervure. On les rencontre en grande abondance dans toute l'épaisseur du limbe où leur diamètre devient considérable.

IX

Genre AMALOCALYX Pierre.

Ce genre, voisin surtout des *Beaumontia* et des *Chonemorpha*, a été créé par M. Pierre, en avril 1883, sur un échantillon florifère. Nous en avons rapporté les fruits. Ces principaux caractères sont : « Inflorescence axillaire paniculée, fleurs subombellées.

Calice à tube très court, sépales obovés membraneux, ondulés, imbriqués dans le bouton, velu en dehors, portant à leurs bases cinq à six squames très courtes.

Corolle infundibuliforme, glabre extérieurement, velue sur sa face interne, au-dessous des étamines.

Tube cylindrique rétréci au-dessous des étamines, se dilatant ensuite considérablement, pour se terminer en lobes très courts, arrondis, se recouvrant à droite. Étamines exsertes, oblongues à loges très petites et à valves des loges externes, terminées par un long appendice. Disque plus élevé que l'ovaire crénelé.

Carpelles légèrement infères, très rapprochés, adhérents vers la base ; style cylindrique, terminé par une longue manchette rétrécie et par un stigmate court subpyramidal et poilu. Ovules en quatre séries de huit par série. »

Fruit. — Follicules légèrement adhérents par leur face axile, ascendants, ovoïdes, acuminés, recouverts de sillons çà et là, tuberculeux ou subailés.

Graine comprimée, elliptique, terminée par une aigrette deux fois plus longue. Albumen épais. Cotylédons minces trois à quatre fois plus longs que la radicule.

AMALOCALYX MICROLOBUS Pierre

Spire Coll., n° 24.

Trouvé pour la première fois sur les rives du Song Ca, près du rapide de Khé Kian, en juin 1901. La liane buissonnante, dont la tige n'atteignait pas 3 centimètres de diamètre, était couverte de fleurs roses. Les Pou thays la nommaient Mak som Kim. Trois mois après, en août, des indigènes du Tranninh me rapportaient des environs de Xieng Kouang, du Pou Khé, des échantillons de fleurs et de fruits sous le nom de Matyam. Je la retrouvais couverte de fruits, près d'un rapide du Nam Kan, entre Muong You et Luang Prabang. Dans les deux points où je l'ai rencontré moi-même, elle atteignait des dimensions trop restreintes pour que son latex, très visqueux du reste, puisse être recueilli par incisions.

M. Pierre l'avait signalé déjà [1], il y a quelques années, en étudiant l'herbier de M. Harmand, recueilli en Annam, entre Hué et le Mékong.

Grappes de 5 à 8 fleurs axillaires terminant de longs pédoncules couverts d'un fin duvet. Fleur rose tendre de 2 centimètres à 3 centimètres de longueur. Calice à cinq sépales presque entièrement libre (2 centimètres environ de soudés sur 6 à 7 centimètres, velu en dehors, portant à la base cinq petites écailles glanduleuses par sépale.

Corolle (3 centimètres à 3 cent. 5) infundibuliforme, formée de 5 pétales presque entièrement soudés entre eux, sauf à leurs extrémités, recourbés en un prolongement arrondi, qui se recouvre à droite.

Les étamines à filets très réduits, lancéolées, insérées à l'extrémité du tube. Leur base se prolonge jusqu'aux carpelles en deux colonnes couvertes de petites soies blanches.

Carpelles semi-infères contenant quatre rangées de huit ovules par loge, entouré d'un disque à 5 lobes, qui dépasse le bord carpellaire et l'entoure comme d'un anneau. Style bifide à la base, filiforme ensuite, terminé par un stigmate conique, portant à sa base un large anneau pentagonal.

Fruit. — Follicule éclatant brusquement à maturité, de forme ovoïde, à exocarpe rugueux, avec des lenticelles ; couvert surtout dans sa jeunesse d'un fin tomentum rougeâtre. Péricarpe coriace, endocarpe pierreux.

Graines grossièrement triangulaires, aplaties sur la face dorsale, renflées de l'autre côté, de 1 centimètre environ de longueur sur 8

1. Planchon, *Prodr. Apocyn.*, p. 325.
Pierre, *Soc. Linnéenne, Par.*, n° 4, Ap., 1893, p. 28.

millimètres de largeur, surmontées d'une aigrette plumeuse. Albumen abondant. Radicule plus courte que les cotylédons aplatis.

Jeunes rameaux et pédoncules floraux couverts d'un fin duvet rougeâtre.

Feuilles. — Elliptiques, cordées à la base, terminées par un court acumen brusque, couvert d'un duvet très doux sur la face inférieure, plus rugueux sur la face supérieure, longues de 10 à 15 centimètres, sur 6 à 8 centimètres de largeur.

Neuf à dix paires de nervures secondaires, s'anastomosant sur le bord de la feuille.

Nervures tertiaires grossièrement parallèles.

Tige. — Épiderme à cellules hautes, rectangulaires, cuticule lignifiée, poils sclérifiés, monocellulaires, très allongés. Parenchyme cortical formé par quatre ou cinq rangées de cellules disposées en files radiales. Endoderme bien différencié. Péricycle représenté par de grosses cellules irrégulières à parois légèrement ondulées, quelques-unes à parois épaisses, mais restant cellulosiques; elles sont disposées tangentiellement et circonscrivent entre elles quelques méats irréguliers. Liber rudimentaire à petites cellules et rares tubes criblés. Le cambium, peu différencié, a donné naissance à un liber continu, qui pénètre dans l'arc libéro-ligneux, en lui donnant un aspect crénelé. Ce liber est parfois fortement invaginé, mais le bois ne se reforme pas au-dessus pour constituer le liber interligneux commun chez les Strychnées [1]. Le corps ligneux est légèrement anormal, il est constitué par une couche de cinq à six rangées de fibres ligneuses, à parois très épaisses. Cet anneau circulaire est coiffé de chaque côté par deux arcs ligneux formant des ailes, ce qui lui donne l'aspect spécial que l'on ne trouve que chez les lianes [2]. Ces zones ligneuses supplémentaires sont formées de fibres à parois très épaisses, à lumen à peine apparent, entourant des vaisseaux à sections arrondies, larges, à parois peu épaisses. Ces vaisseaux sont parfois groupés en files de deux ou trois éléments séparés seulement par l'épaisseur de leurs parois, ils ont

1. E. Perrot. *Sur le mode de formation des ilots libériens intraligneux des Strychnos. Journal de Bot.*, 1898.

2. Schenck, *Anatomie der Lianen*, Leipzig, 1893, p. 202-284.

dans ce cas subi de fortes pressions et sont alors allongés radialement.

Le corps ligneux occupe dans ses parties normales 1/8 de la totalité du diamètre de la tige, le double dans les parties ailées. Le liber interne plus développé d'un tiers que le liber normal est formé de cellules arrondies présentant de rares lacunes et quelques tubes criblés seulement. Moelle constituée par des cellules rondes, ne laissant entre elles que peu de lacunes. Absence d'oxalate de calcium.

Pétiole. — Épiderme à cellules tabulaires non lignifiées. Poils tantôt monocellulaires, tantôt bicellulaires, à parois transversales très fines. Le parenchyme cortical est très développé; certains îlots sous-épidermiques deviennent collenchymateux. Endoderme non différencié.

Arc libéro-ligneux présentant à chaque extrémité un faisceau libéro-ligneux très petit, à bois central. Le bois est formé de cinq vaisseaux à disposition radiale. Rayons médullaires non lignifiés. Liber circulaire à cellules allongées tangentiellement, très resserrées, à parois épaisses, ce qui donne à cette région un aspect fortement coloré. Absence d'oxalate de calcium.

Feuille. — Épiderme supérieur formé de hautes cellules irrégulières, devenant tabulaires au-dessus de la nervure. Épiderme inférieur sinueux ; cuticule légèrement épaissie non sclérifiée. Les deux épidermes présentent deux sortes de poils toujours lignifiés, les uns étroits monocellulaires allongés, les autres larges unisériés à deux ou trois cellules. Le parenchyme de la nervure centrale est moins collenchymateux que dans le pétiole. Des cellules rondes, à parois fortement ondulées constituent les régions endodermique et péricyclique. L'arc libéro-ligneux a la même constitution que dans le pétiole, mais il n'est pas divisé. Au-dessus, zone de collenchyme formée de quatre à cinq rangées de cellules, sous laquelle viennent mourir en s'atténuant et sans se réunir les cellules palissadiques des parties latérales du limbe. Mésophylle bifacial à une rangée de cellules palissadiques occupant la moitié de l'épaisseur du limbe ; au-dessous, le mésophylle est composé de cellules carrées emboîtées les unes dans les autres, ce qui donne à cette partie du limbe un aspect non lacuneux. La base du tissu palissadique est formée

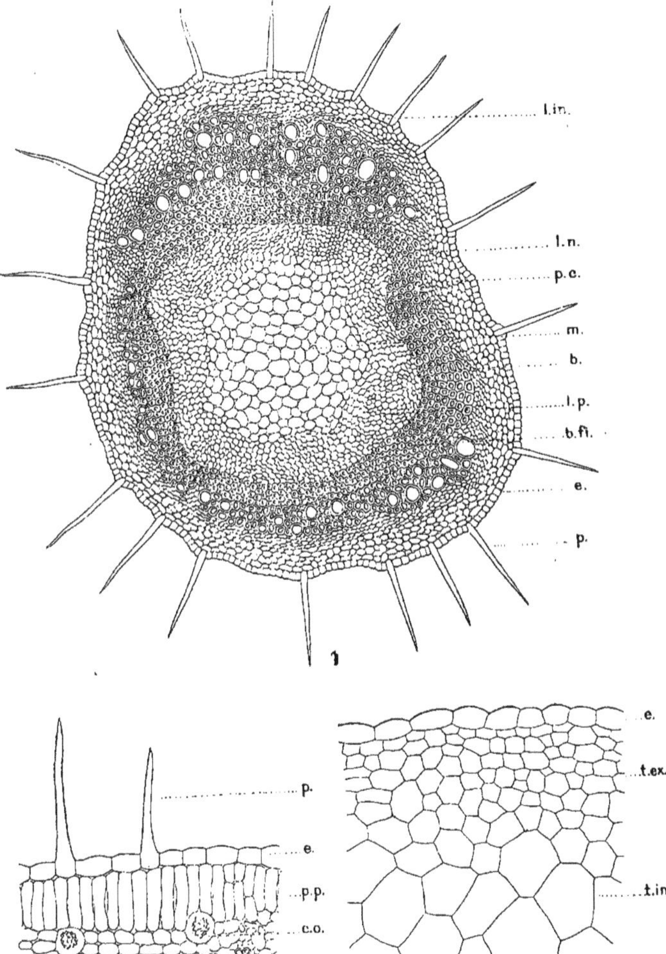

Amalocalyx microlobus PIERRE

1, Tige, coupe transversale. — 2, Coupe transversale du limbe foliaire. — 3, Tégument de la graine : *p.*, poil; *e.*, épiderme; *p.c.*, parenchyme cortical; *l.n.*, liber normal; *l.in.*, invagination du liber; *l.p.*, liber périmédullaire; *b.*, bois; *b.fl.*, bois fibreux; *p.*, poil; *p.p.*, parenchyme palissadique; *c.o.*, cristaux d'oxalate de calcium; *m.l.*, mésophylle lacuneux; *t.ex.*, tégument région externe; *t.in.*, tégument région interne.

de grosses cellules rondes renfermant une mâcle d'oxalate de calcium. De petits faisceaux libéro-ligneux se développent au-dessus des poils de la face inférieure ; à la base du tissu palissadique, ils ne renferment que de rares trachées et sont couronnés par des cellules collenchymateuses s'étendant jusqu'à l'épiderme supérieur. Le tissu palissadique cesse avant d'atteindre les bords de la feuille, il est alors remplacé par des cellules arrondies : c'est dans cette partie que viennent aboutir les terminaisons vasculaires, dépourvues de tubes criblés, en général entourées par quatre grosses cellules.

Fruit. — L'épicarpe peut être considéré comme formé par les trois premières assises externes. La première prend l'aspect d'un épiderme à cellules larges, dont quelques-unes s'allongent en poils pluricellulaires unisériés à quatre ou cinq cloisons. Cette zone présente des invaginations pénétrant jusqu'au 1/3 du péricarpe ; il en résulte des cannelures très étroites où les poils épidermiques sont très déformés, renflés en leur milieu, ou crochus aux extrémités. Le mésocarpe très développé est formé de grandes cellules rondes à parois minces, quelquefois épaissies mais toujours cellulosiques. Il renferme des faisceaux libéro-ligneux circulaires à tubes criblés périphériques. L'endocarpe consiste en une trentaine de fibres cellulosiques disposées circulairement.

Laticifères développés dans le mésocarpe où ils sont répartis sans ordre. Ils deviennent de plus en plus volumineux à mesure que l'on s'approche de l'endocarpe dans lequel on ne les rencontre jamais.

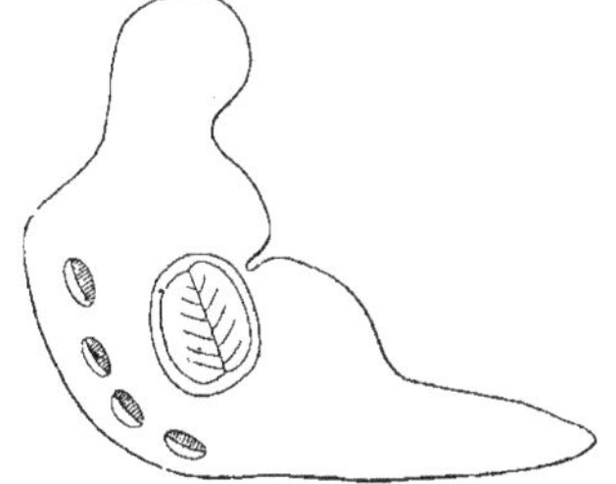

Fig. 8. — *Amalocalyx microlobus* Pierre

Coupe schématique de la graine au niveau des cotylédons.

Graine. — Épiderme : cellules allongées, rectangulaires, à parois minces qui s'élargissent aux extrémités de la graine. Le tégument très développé, sans méats, est formé d'abord de cellules irrégulièrement hexagonales, très petites, à parois minces qui s'arrondissent ensuite et se remplissent de grains d'amidon. Dans l'albumen, les cellules hexagonales ne se différencient de celles du tégument que par leur taille; elles renferment des globules huileux et un peu d'amidon dans les parties externes. Le raphé présente quelques faisceaux libéro-ligneux, tandis que sur le côté opposé on trouve une gouttière résultant de l'invagination de l'épiderme, jusqu'au voisinage des cotylédons.

GÉNÉRALITÉS SUR LES GENRES *Nouettea*, *Amalocalyx*, *Chonemorpha*.

De la description systématique des genres *Nouettea* et *Amalocalyx* ressortent nettement leurs affinités avec le genre *Chonemorpha*. Les différences morphologiques principales, de faible importance du reste seront résumées dans le tableau ci-joint :

	CHONEMORPHA	AMALOCALYX	NOUETTEA
Calice	Tube plus long que les lobes sépalaires. Une squame crénelée par sépale.	Tube très court. Cinq à six squames très courtes, glabres, par sépale.	Tube très court. Trois squames libres ciliées par sépale.
Corolle	Hypocratériforme. Lobes plus longs que le tube.	Infundibuliforme. Lobes très petits plus courts que le tube.	Hypocratériforme. Lobes plus longs que le tube.
Étamines	Insertion près de la base du tube.	Insertion au sommet du tube.	Insertion au milieu du tube.
Carpelles	Quatre rangées de vingt ovules, ovaire ovale lancéolée.	Quatre rangées de huit ovules, ovaire sphérique.	Quatre rangées de huit ovules, ovaire sphérique.
Fruit	Double follicules presque parallèles, très allongés. Graines claviformes.	Follicules légèrement adhérents, ovoïdes, acuminés. Graines elliptiques.	

L'histologie vient encore confirmer le rapprochement que nous avons établi entre ces trois genres.

Le genre *Chonemorpha* présente en effet les caractères histologiques suivants. Tige : îlots de fibres péricycliques pénétrant plus ou moins loin dans le liber, tubes criblés irrégulièrement disséminés. Dans la feuille, tendance à la formation d'un hypoderme (cloisonnement tangentiel par places). Graines dont les cellules épidermiques ont leurs parois plus ou moins épaissies. Présence de grains d'aleurone et de globules huileux dans l'albumen. Enfin cristaux d'oxalate de calcium dans les libers de tous les organes végétatifs, le tégument séminal et l'albumen.

Le genre *Nouettea* ne diffère anatomiquement du *Chonemorpha* que par la présence dans le péricycle de la tige d'un anneau fibreux continu, et par l'existence dans la feuille d'un hypoderme bien caractérisé. Le genre *Amalocalyx* a des affinités anatomiques beaucoup plus grandes encore avec le *Chonemorpha*, mais il ne contient pas de cristaux d'oxalate de calcium dans la tige, et ses graines ont des cellules épidermiques à parois minces.

X

Genre RHYNCHODIA

RHYNCHODIA CAPUSII Pierre

Spire, Coll., 23.

Recueillie seulement sur le plateau du Tranninh, cette liane ne semble se plaire que dans la forêt couvrant les sommets de la chaîne annamitique. Les Méos lui donnent le même nom qu'au *Chonemorpha megacalyx*, le Pri Yen, quoique la différence de coloration des fleurs, blanches chez le *Rhynchodia*, rouges chez le *Chonemorpha*, puisse leur permettre, en dehors de tout autre caractère, une différenciation facile. D'après le chef indigène du Tranninh, ces deux espèces seraient très abondantes dans le Muong Cham, mais n'auraient pas encore été exploitées dans ces régions.

Caractères botaniques. — Inflorescence en cyme peu fournie : deux à trois fleurs supportées par des pédoncules assez longs de 13 à 14 centimètres, la fleur ayant seulement de 11 à 12 centimètres.

Calice à cinq sépales arrondis, libres dans leurs 2/3 supérieurs, couverts de duvet sur leur face externe et munis à leur base du côté interne d'une rangée de petites écailles glanduleuses.

Corolle formée de deux parties à peu près égales, le tube, légèrement élargi au point d'insertion des étamines, portant extérieurement cinq côtes correspondant à cinq cannelures internes, une partie libre en hélice formée de cinq lobes falciformes tronqués au sommet comme dans les genres voisins, *Chonemorpha*, *Trachelospermum*, *etc.*, se recouvrant à peine à droite, lors de l'épanouissement de la fleur. Duvet couvrant les lobes, la gorge, et se continuant dans le tube lui-même. Étamines étroitement adhérentes par l'accolement des glandes de la base de l'anthère avec les appendices du stigmate. Filets adnés. Disque à cinq lobes irréguliers atteignant à peu près la hauteur des deux carpelles semi-infères qui se séparent facilement dans la fleur adulte. Quatre rangées d'ovules au nombre de 14 à 15 par série.

Rameaux adultes à écorce brunâtre couverts de rugosités et de lenticelles. Jeunes, ils sont entourés d'un fin duvet.

Feuilles ovales, atténuées à la base, terminées brusquement par un court acumen, de 18 à 23 centimètres de longueur sur 10 à 12 centimètres de largeur, duvetées sur la face inférieure ; douze paires de nervures secondaires réunies régulièrement par des nervures tertiaires parallèles entre elles, mais obliques transversales par rapport aux premières.

Pétiole de deux centimètres environ de longueur, couvert lui-même d'un revêtement pileux.

Tige. — Épiderme à cellules rectangulaires et cuticule mince. Poils épidermiques lignifiés peu abondants, courts, unicellulaires, présentant un canal irrégulier parfois dilaté au centre. Les trois ou quatre premières assises de cellules corticales sont rectangulaires allongées tangentiellement, parfois lignifiées. Les cellules augmentent ensuite de diamètre et présentent des parois ondulées. Elles renferment fréquemment de gros cristaux clinorhombiques d'oxalate de calcium. L'endoderme et le péricycle ne sont pas différenciés.

Le liber est produit par un cambium très apparent, présentant quatre rangées de cellules tabulaires. Il est formé de cellules à parois ondulées ; les tubes criblés se rencontrent à la périphérie où se trouvent également des îlots espacés constitués par une quinzaine de fibres, à large lumen à parois épaisses dont la partie interne seule est lignifiée. Le bois est en anneau continu occupant 1/6 de la largeur totale ; il présente des fibres allongées radialement et à parois épaisses, des vaisseaux à section ovale souvent disposés en files. Ceux de formation primaire sont entourés de parenchyme ligneux non lignifié. Rayons médullaires à une seule rangée de cellules parenchymateuses. Le liber périmédullaire moins développé que le liber normal renferme des tubes criblés disposés en îlots périphériques.

Canaux gommeux dans la moelle, le bois et les deux libers. Laticifères rares dans la partie externe du liber normal, la région péricyclique et la moelle.

Pétiole. — Parenchyme collenchymateux dans les parties sous-épidermiques. Arc libéro-ligneux central très ouvert couronné par deux faisceaux libéro-ligneux de chaque côté. Absence de fibres libériennes. Oxalate de calcium en gros prismes à base rectangulaire, développés dans le parenchyme cortical, surtout dans la région collenchymateuse sous-épidermique.

Laticifères très peu nombreux dans les deux libers.

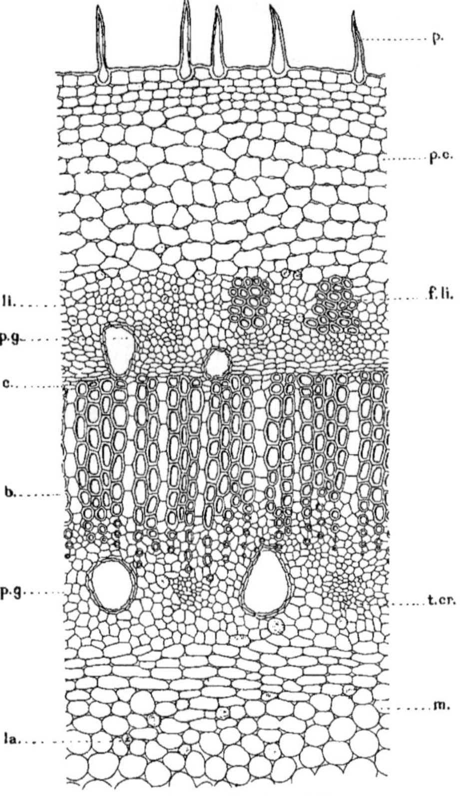

Fig. 9. — *Rhynchodia Capusii* Pierre

Tige, coupe transversale : *p.*, poil ; *p. c.*, parenchyme cortical ; *f. li.*, fibres libériennes ; *li.*, liber ; *p. g.*, poche à gomme ; *b.*, bois ; *t. cr.*, tubes criblés ; *m.*, moelle ; *la.*, laticifère.

Feuille. — Cellules de l'épiderme supérieur à parois épaissies. Épiderme inférieur à nombreux stomates entourés de quatre cellules

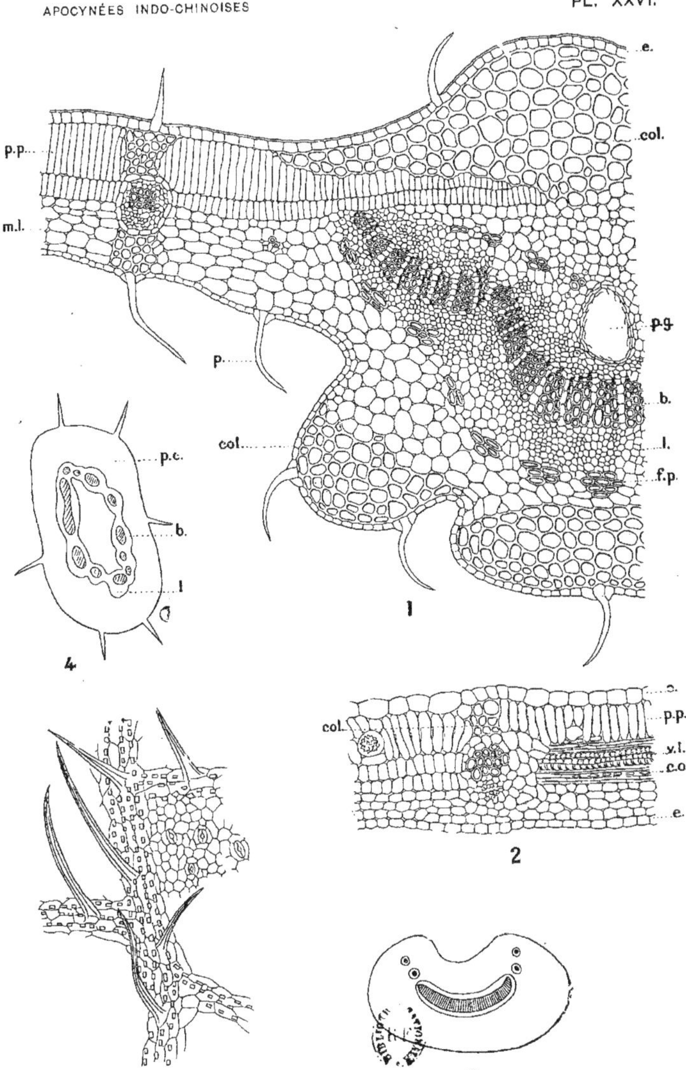

Rhynchodia Capusii Pierre

1, Coupe transversale de la feuille. — 2, Coupe du limbe foliaire. — 3, Coupe schématique du pétiole. — 4, Coupe schématique du pédoncule floral. — 5, Épiderme de la face inférieure de la feuille : *e.*, épiderme ; *col.*, collenchyme ; *p.p.*, parenchyme palissadique ; *m.l.*, mésophylle lacuneux ; *p.*, poils ; *p.g.*, poche à gomme ; *b.*, bois ; *l.*, liber ; *f.p.*, fibres péricycliques ; *v. l.*, vaisseaux ligneux ; *c.o.*, cristaux d'oxalate de calcium.

annexes. Nombreux cristaux d'oxalate de calcium groupés autour des nervures. En coupe transversale, l'épiderme supérieur formé de cellules tabulaires à cuticule peu apparente porte des poils unicellulaires, allongés, flexibles, à base lignifiée. Épiderme inférieur : cellules rondes à cuticule très réduite et poils plus nombreux qu'à la face supérieure. Dans la nervure centrale, arc ligneux formé de files radiales de vaisseaux à section ovale séparées par des rayons médullaires non lignifiés. Liber inférieur analogue à celui de la tige ; celui que l'on trouve dans la convexité du bois est couvert par des îlots fibreux très développés et présente en son milieu une large poche à gomme. Il est couronné par un collenchyme sous-épidermique qui s'étend très loin dans le limbe au-dessus du tissu palissadique. Limbe bifacial à deux rangées de cellules inégales palissadiques occupant la moitié de la largeur de la feuille.

Les nervures secondaires sont formées par quelques vaisseaux entourés de liber limité par un endoderme circulaire très apparent. En haut et en bas de ces faisceaux libéro-ligneux, se développent des piliers de collenchyme, s'étendant jusqu'aux épidermes qui, à ce niveau, présentent un poil très développé. Lorsque ces nervures se trouvent coupées longitudinalement, elles montrent autour du bois, dans les premières zones libériennes et parallèles à ses éléments, des files de cristaux clinorhombiques d'oxalate de calcium, comme cela s'observe chez beaucoup d'Asclépiadées[1] et quelques Ménispermées[2]. Quelques cellules du parenchyme palissadique se transforment en cellules arrondies, larges, dont le centre est occupé par une mâcle d'oxalate de calcium.

Enfin, dans le parenchyme cortical de la nervure médiane nous trouvons également de petits cristaux clinorhombiques d'oxalate de calcium.

Laticifères peu abondants dans les deux libers et le parenchyme, très développés à l'intérieur des branches de l'arc ligneux.

Pédoncule floral. — Épiderme garni de nombreux poils très allongés, sclérifiés à la base. L'anneau libéro-ligneux de la tige est ici fragmenté et les îlots sont réunis par un parenchyme à petites

1. E. Perrot, Produits fournis à la Matière médicale par la famille des Asclépiadées. *Manuscrit déposé à l'École de pharmacie de Paris pour l'obtention du prix Menier.*

2. J. Maheu, Recherches anatomiques sur les Ménispermacées, *Journal de botanique*, t. XVI, n° 11, 1902.

cellules très serrées ; le cambium est très bien marqué. Absence de fibres libériennes, de cristaux d'oxalate de calcium et de poches à gomme.

Laticifères à section plus large que dans la tige ; ils se rencontrent surtout dans le parenchyme cortical jusque sous l'épiderme. On en trouve également, mais en moindre abondance, dans la moelle et les deux libers.

RHYNCHODIA FRAGANS Pierre

Cette espèce, décrite par M. PIERRE sur un échantillon provenant de la collection BALANSA, a été recueillie par ce voyageur au Tonkin, sur la rivière Noire, en amont de Phuong lom. Elle n'a pas encore été signalée au Laos.

Elle diffère du *R. Capusii* par ses feuilles elliptiques ou obovées beaucoup plus atténuées aux deux extrémités, par ses inflorescences plus lâches et ses fleurs un peu plus grandes, les lobes de la corolle pubescents seulement à leur base, le tube glabre sur les deux faces, enfin par ses carpelles connés.

Nous citerons encore dans ce genre une espèce javanaise recueillie par nous à Buitenzorg. Signalée sous le nom de *Triadenia verrucosa* par MIQUEL, en 1856, et sous celui de Tabernamontana Verrucosa par BLUME, nous la rattacherons avec M. Pierre au *Rhynchodia* Cette espèce diffère un peu du *R. Capusii* par la situation de l'ovaire un peu plus infère et par le duvet pileux limité au tube au-dessous de l'insertion des étamines et à la base seule des lobes pétalaires. Par tous ses autres caractères, elle se confond avec les espèces étudiées précédemment.

XI

Genre AGANOSMA

AGANOSMA HARMANDIANA Pierre

Spire, Coll., 48.

Cette liane nous fut signalée à notre passage à Cahn trap par le R. P. Guignard. Elle n'existerait pas sur les bords du Song Ca, mais serait très abondante dans le huyen de Hoi Nguyen.

Les premiers échantillons rapportés à Cua Rao avaient été appelés par les Laotiens, Khua mak ngam, liane à fruits en forme de pinces de crabe. J'envoyai vainement en mai une équipe de miliciens me rechercher cette plante. Ce fut seulement à mon 2e voyage, en décembre, que le R. P. Guignard me remit des échantillons florifères de cette liane.

Entre temps, en octobre, dans le Cammon, sous le nom de Mak Khao, j'avais pu recueillir le fruit qui en effet, affecte grossièrement la forme de pinces de crabes remarquée par les Laotiens.

La liane rencontrée dans les environs de Ban bo atteignait à sa base un diamètre de 7 à 8 centimètres. Son écorce très rugueuse était blanchâtre. L'incision donnait issue à une très faible quantité de latex qui se coagulait immédiatement sur la blessure.

Les feuilles opposées présentaient une face supérieure d'un vert brillant, une face inférieure jaunâtre, douce au toucher, grâce au duvet qui la recouvre pendant la plus grande partie de son développement.

Le fruit, vert pendant sa jeunesse, devient brun, puis noir à la maturité.

Les graines ont une teinte légèrement rougeâtre.

Nous passerons rapidement en revue les caractères botaniques de cette liane, dont M. Pierre avait déjà décrit la fleur en étudiant un échantillon recueilli par le Dr Harmand, en 1877, dans les montagnes de Lakou.

Calice à sépales complètement libres, lancéolés, très velus surtout sur la face externe ; corolle velue sur toute la face externe, tube de longueur égale à celle des lobes étalés, gorge légèrement rétrécie. Étamines insérées à la base du tube ; filet court, velu. Anthères sagittées, prolongées à la base par des cornes divergentes aussi longues que la partie portant les sacs polliniques. Ovaire un peu enfoncé dans le réceptacle, biloculaire à quatre rangées de six ovules, surmonté par un plateau pileux ; entouré d'un disque annulaire dépassant l'ovaire, à bord supérieur, présentant cinq dents. Style atténué vers le milieu, pourvu près du sommet de deux rangées de cinq appendices, les premiers plus longs que les deuxièmes, terminé par deux petits lobes stigmatiques très courts.

Jeunes rameaux couverts d'un duvet très doux de poils jaunes roussâtres. Feuilles ovales oblongues, arrondies à la base, à acumen très court, mais brusquement aigu. Elles mesurent de 14 à 18 centimètres de longueur sur 9 à 11 cent. 5 de largeur, avec un pétiole de 2 centimètres environ. Face supérieure glabre, face inférieure couverte, surtout au niveau des nervures, d'un fin duvet brunâtre.

7 à 9 paires de nervures secondaires arrondies, venant s'anastomoser sur les bords de la feuille, réunies par un réseau de nervures tertiaires obliques, presque parallèles.

Les fruits non mûrs que nous avons recueillis au Cammon, sont des follicules doubles parallèles entre eux. Ils mesurent 28 centimètres environ de longueur sur 1 cent. 5 de largeur.

Graines en forme de cornemuse (1 cent. 5 de longueur sur 2 de largeur) surmontées d'un coma soyeux de 6 à 7 centimètres.

AGANOSMA MARGINATA G. Don.

SPIRE, Coll., 13.

Je n'ai rencontré cette liane que sur les bords du Song Ca, en juin, à quelques kilomètres en aval de Cahn trap. La tige principale n'atteignait pas la grosseur du pouce, elle émettait de nombreux rameaux qui formaient une sorte de buisson, couvert de fleurs blanc crème. Les indigènes de Cahn trap lui donnèrent le nom de Khua mak Khau bé.

Spire, Hanoï, 1902.

Aganosma marginata Pierre
Khua mak khau bè (Annam)

Plus tard, en octobre, le R. P. GUIGNARD me remettait des échantillons de la même liane provenant de Kha Kien.

D'après les Pou thays qui lui apportèrent le Khau bé, on extrairait du caoutchouc commercial de cette liane.

Nous passerons sous silence les caractères botaniques de cette liane déjà décrite par les auteurs[1].

1. G. Don., *Gen. Syst.*, AV 77. (1837). — Bentham et Hooker, f ii 717. — A. DC. *Prod.*, VIII, 625 (1844).

XII

Genre MELODINUS

MELODINUS TOURNIERI Pierre

Spire, Coll., 9.

Nombreux sont les noms indigènes de cette liane. Khua mak kon Khong (liane aux fruits semblables aux mailloches de tam tam) des Pou Thays.

Khua yang din, ou Mayaar des Khas, d'après M. Breugnot.

Cette plante que je n'ai jamais rencontrée au Tranninh semble exister en assez grande abondance sur le versant oriental de la chaîne annamitique, entre Tha Do et Kekian. Les échantillons étudiés proviennent en partie du village de Kia dans les Muongs pouthengs, en partie du Tonkin, forêt du De Tham, près de Phu lang Thuong.

Cette liane, très vigoureuse, atteint 12 à 15 centimètres de diamètre. Elle monte jusqu'à l'extrémité des plus hauts arbres avant de pousser ses rameaux feuillés et florifères. Son écorce est crevassée, rugueuse, brunâtre, avec de nombreuses lenticelles très claires ; ses jeunes rameaux sont recouverts d'un duvet caduc.

Elle semble se plaire dans les bas fonds, la forêt humide.

Les fleurs apparaissent en avril et juin, elles sont blanches à l'état jeune, crèmes à la maturité, portées par des pédoncules jaunâtres.

Les fruits commencent à pousser en septembre et persistent deux à trois mois; ils ont à maturité une coloation rouge orangée, après être restés verts pendant tout leur développement.

Le sarcocarpe comestible est rouge brique, il a une saveur acidulée semblable à celle des fruits du *Landolphia Klainei* en particulier. Indigènes et animaux en sont très friands.

Inflorescence terminale en grappe, dont les rameaux assez serrés sont terminés ordinairement par trois fleurs.

Calice duveté extérieurement, brunâtre, à 5 sépales libres dans les 3/4 de leur longueur, pourvu à la base du tube d'un anneau de poils courts et glanduleux.

Corolle longue de 16 à 18 millimètres, composée d'un tube velu sur les deux faces, terminé par une couronne formée de 10 lobes obtus, libres, excepté à leur extrême base où ils sont velus en dedans.

Lobes de la corolle longuement pédiculés, falciformes, arrondis, plus courts que le tube.

Étamines insérées au tiers du tube, à filet court et glabre. Anthères sagittés, oblongues à pointe très aiguë. Ovaire ovoïde plus court que le style qui se termine au-dessus d'un manchon réfléchi par 2 petits lobes stigmatiques.

Feuilles opposées, ovales, lancéolées, de 9 à 11 centimètres de longueur sur 3 à 4 centimètres de largeur, d'un vert brillant sur leur face supérieure, plus mat sur la face inférieure. 12 à 15 nervures secondaires presque perpendiculaires à la nervure médiane, nervures tertiaires parallèles aux secondaires.

Pétiole court, de 5 à 8 millimètres de longueur, se prolongeant en une nervure médiane très accusée à la face inférieure, en gouttière à la face supérieure.

Fruit. — Drupe sphérique de 80 à 90 millimètres de diamètre, verte d'abord, rouge orange à maturité, noirâtre ensuite.

Exocarpe ligneux, de 2 millimètres environ de largeur.

Graine ovale, de 13 à 15 millimètres de longueur sur 10 de largeur, à tégument crustacé, albumen abondant. 100 à 120 par fruit, enfouies dans une masse pulpeuse, charnue, de teinte rougeâtre.

Tige. — Cuticule ayant trois fois l'épaisseur des cellules épidermiques, et présentant très nettement des zones d'épaississement; cette cuticule n'est ni subérifiée, car elle ne se colore pas par les réactifs de la subérine, ni sclérifiée, car elle ne prend pas le vert d'iode. Le lumen des cellules épidermiques est obstrué par apposition de couches cellulosiques dont les plus internes se lignifient; il a finalement une forme lancéolée. Absence de poils. Le parenchyme cortical est formé de cellules arrondies à parois épaisses; la région péricyclique présente de petits îlots de fibres le plus souvent cellulosiques, disposées en groupes de quatre ou cinq éléments.

Le liber est couronné par un anneau continu de fibres très lignifiées (véritable stéréome), circulaire, formé par quatre ou cinq rangées de fibres hexagonales à lumen très réduit. Le liber ainsi protégé, est constitué par des cellules polygonales à tubes criblés, irrégulièrement répartis, surtout abondants au voisinage du cambium apparent. Ce liber est coupé régulièrement par des rayons médullaires à une rangée de cellules, se continuant dans le bois sans se lignifier. Bois en anneau continu. Nombreux vaisseaux à section hexagonale, à parois peu épaisses, entourés par du parenchyme ligneux lignifié. Le liber interne double du liber normal est composé de cellules irrégulières et d'un grand nombre de tubes criblés. On trouve du côté de la moelle de longues bandes formées de cellules allongées, écrasées, fortement colorées par le carmin. Oxalate de calcium en cristaux prismatiques à base losangique dans la moelle et le parenchyme cortical.

Dans les tiges âgées, le corps ligneux présente des parties parenchymateuses, et le liber pénètre dans le bois en crénelant ce dernier. Zone subérophellodermique locale sous l'épiderme.

Laticifères dans l'écorce, sous l'épiderme, dans la région péricyclique, dans la moelle où leurs parois sont épaissies, cellulosiques. La localisation est la même dans les tiges jeunes et les tiges âgées.

Pétiole. — Cuticule épaisse. Cellules épidermiques à lumen très réduit. Quelques poils allongés assez rares. Parenchyme cortical formé de cellules irrégulières. Au centre, arc libéro-ligneux, constitué par des vaisseaux à section polygonale. Rayons médullaires à éléments cellulosiques. L'arc ligneux est entouré par un parenchyme libérien, à cellules irrégulièrement hexagonales où les tubes criblés sont disposés en îlots. On remarque aux deux extrémités de cet arc deux petits faisceaux libéro-ligneux secondaires allongés, à bois central et liber circulaire.

Feuille. — Épiderme supérieur rectiligne formé par des cellules à lumen très réduit recouvert par une cuticule extrêmement épaisse de même largeur que les cellules épidermiques. L'épiderme inférieur a la même structure, mais il présente une certaine irrégularité, des invaginations donnant çà et là l'impression de petites cryptes Dans la nervure centrale peu développée, on remarque des cellules rondes extrêmement irrégulières. L'endoderme est formé de cellules allongées ovales. Dans le péricycle circulaire, quelques cellules se sont transformées en fibres cellulosiques, groupées par 4 ou 5 éléments à lumen étroit. Le liber circulaire réduit, formé d'éléments très rapprochés, au milieu desquels sont disséminés les tubes criblés entoure le bois constitué par des vaisseaux à section arrondie, à parois épaisses que borde une zone mince de parenchyme ligneux lignifié. Rayons médullaires également lignifiés.

Le limbe montre ses épidermes constitués par de hautes cellules étroites couvertes par une cuticule épaisse. Parenchyme bifacial à deux assises de cellules palissadiques occupant 1/3 de la largeur du limbe. Au-dessous, mésophylle très lacuneux. Le parenchyme palissadique contient des mâcles d'oxalate de calcium.

Dans le limbe, immédiatement sous le parenchyme palissadique, on rencontre les faisceaux libéro-ligneux des nervures secondaires. Laticifères nombreux dans tous les parenchymes de la nervure médiane. Dans le limbe, entre le mésophylle palissadique et lacuneux, surtout autour des nervures secondaires.

Fruit. — Péricarpe très développé : épicarpe formé de cellules allongées radialement, siliceuses, à lumen étroit, à parois subérifiées. Le mésocarpe comprend huit rangées de cellules rondes à parois légèrement épaissies ; au-dessous, îlots de fibres coupées longitudinalement, très serrées, à lumen étroit. Autour de ces fibres, les cristaux octaédriques d'oxalate de calcium forment des bandes parallèles.

L'endocarpe est d'abord constitué par une couche de quelques cellules arrondies qui se transforment ensuite en poils glanduleux ne se colorant pas par l'orcanette. Entre ces poils sont placées les graines. Les faisceaux libéro-ligneux sont localisés un peu audessus de l'endocarpe, ils sont très réduits et ne présentent que quelques rares vaisseaux spiralés.

Laticifères à parois minces dans la partie interne du mésocarpe ; ils contiennent un latex granuleux.

Graine. — La partie externe du tégument formant l'épiderme présente une structure particulière, que nous n'avons trouvée que dans ce genre.

Les cellules épidermiques très allongées prennent la forme de papilles en massues. Chacune d'elles a son lumen extrêmement étroit et des parois très développées présentant des épaississements de la membrane d'abord réticulés, puis spiralés dans la partie terminale. Quelques cellules régulièrement disposées à lignification moins avancée ne portent que des ornements spiralés, circonstance permettant à la graine la liberté des échanges gazeux nécessaires à sa respiration. Au-dessous de ce tégument, quelques cellules hexagonales à parois parfois épaissies font place ensuite à de petites cellules allongées tangentiellement, écrasées les unes contre les autres. L'albumen, très développé, avec cellules externes à parois épaissies, est constituée ensuite par des éléments hexagonaux très réguliers, à parois minces, contenant de fines granulations ou quatre à cinq petits globules graisseux se colorant très facilement en rouge intense par l'orcanette et en noir par la solution d'acide osmique. Les cotylédons occupent le centre de l'albumen; ils sont constitués par de petites cellules hexagonales dépourvues de globules graisseux.

MELODINUS SPIREANUS Pierre

SPIRE, Col., 72.

Cette liane introduite au Jardin Botanique de Buitenzorg depuis quelques années constitue, d'après M. Pierre, une espèce de Mélodinée nouvelle.

Feuilles subsessiles, oblongues, lancéolées, obtuses, à peine atténuées à la base. 17 à 20 paires de nervures secondaires.

Inflorescence terminale, ramifications très rapprochées, pourvues de fleurs un peu plus grandes que les autres espèces.

Sépales pubérulents en dehors, elliptiques, pourvus à leur base d'un anneau très étroit, composé d'une multitude de petites glandes unisériées.

Corolle pubescente en dehors, à tube velu en dedans, à écailles de la gorge au nombre de une ou deux, presque nulles, alternant avec les lobes corollaires. Lobes falciformes à droite, ovales acuminés, obtus, plus courts que le tube. Étamines insérées vers le tiers inférieur du tube.

Ovaire oblong, à peine plus court que le style. Ce dernier lancéolé est pourvu d'une manchette vers son tiers supérieur.

Il serait voisin du *Melodinus cambodiensis* et se retrouvera probablement dans les mêmes régions.

MELODINUS CAMBODIENSIS Pierre

Espèce récoltée par M. PIERRE dans la forêt cambodgienne. Nous ne l'avons pas retrouvée au Laos. Elle se présente, d'après les

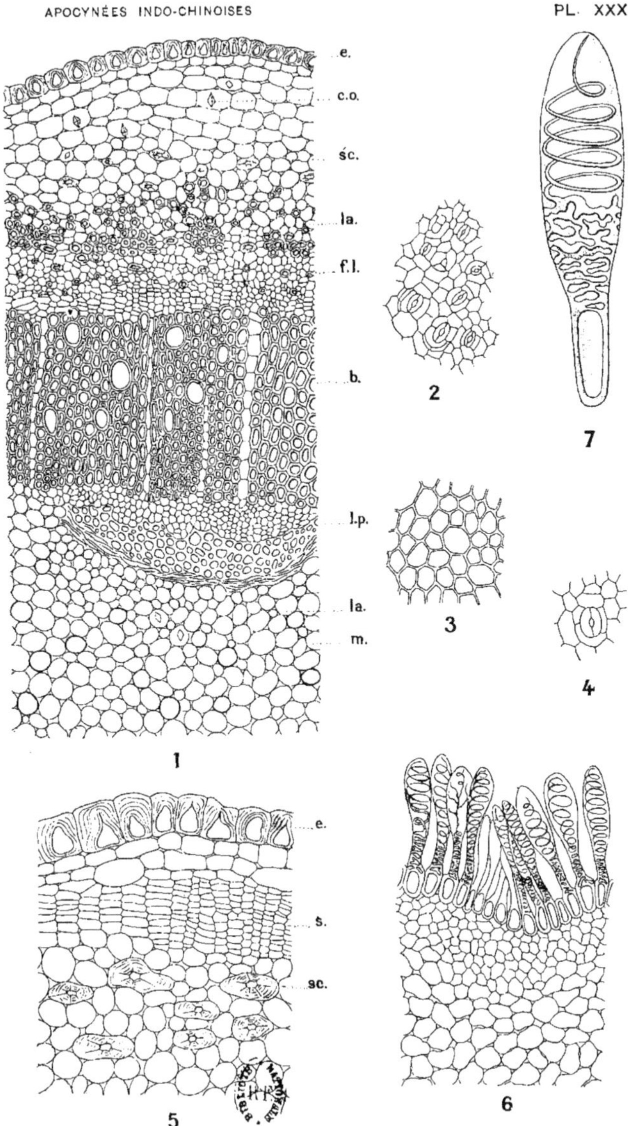

Melodinus Tournieri Pierre

1, Coupe de la tige. — 2, Épiderme inférieur de la feuille. — 3, Épiderme supérieur. — 4, Stomates. — 5, Écorce de la tige. — 6, Coupe de graine. — 7, Papille épidermique de la graine : *e.*, épiderme ; *c.o.*, cristaux d'oxalate de calcium ; *scl.*, sclérenchyme ; *la.*, laticifères ; *f.l.*, fibres libériennes ; *b.*, bois ; *l.p.*, liber périmédullaire ; *m.*, moelle ; *e.*, épiderme ; *s.*, suber.

échantillons floraux qu'a bien voulu nous communiqner cet auteur[1], avec des feuilles linéaires courtement pétiolées, oblongues, lancéolées à pointe obtuse, atténuées à la base.

Inflorescence terminale en grappe assez pressée, pubérulente.

Sépales ciliés, ovales, acuminés. Calice pourvu d'un anneau de squames très serrées à son extrême base.

Corolle hypocratériforme à lobes aussi longs que le tube, finement pubérulents en dehors, pubescents en dedans. Pas de couronne.

Étamines insérées au quart inférieur du tube, plus longues que le stigmate.

Ovaire un peu enfoncé dans le disque, glabre, à placentation pariétale portant cinq rangées d'ovules sur chacun des lobes du placenta.

Fruit inconnu.

Il est à remarquer que dans cette espèce la couronne manque complètement comme dans le *Melodinus australis* (F. Mull.), Pierre.

MELODINUS JUMELLEI Pierre.

Nous signalerons simplement cette espèce, créée par M. Pierre sur un échantillon fructifère provenant du Tonkin.

MELODINUS OBLONGUS Pierre

SPIRE, Coll., nº 51.

Connu sous le nom de Khua mak ham ngoua (fruit semblable aux testicules de taureau) par les indigènes du Plateau du Tranninh. L'échantillon de rameaux et de fruits me fut apporté par les Méos du Pou ké qui ne me donnèrent aucun renseignement sur l'habitat de cette plante et la valeur de son latex.

Ses feuilles sont allongées, acuminées, atténuées à la base, aiguës aux deux extrémités. Douze à quinze paires de nervures secondaires, nervures tertiaires du genre.

Grappe simple, axillaire et terminale, ne dépassant pas la moitié de la longueur des feuilles. Pédicelle plus court que la fleur.

1. PLANCHON, *Prod. Apocyn.*, p. 320.
PIERRE, *Soc. linn.*, Paris, 1898, p. 103.

Sépales ovales, très épais, pourvus d'un anneau de glandes très petites à la base.

Ovaire glabre, strié ; une loge à placentation pariétale avec des placentas connés au sommet et à la base ; chacun portant six rangées de douze ovules.

Fruit oblong, lancéolé, acuminé, pourvu de nombreuses graines.

MELODINUS GUIGNARDI Pierre

SPIRE, Coll., 32.

Mak yang nieu ou Mak yang nia des indigènes du Cammon. Nous n'avons rencontré cette espèce que dans la montagne de Banbo. Elle serait très abondante d'après le dire des Pou thays. La liane elle-même ne donne que peu de latex ; le fruit seul, rouge à maturité en contient une grande quantité

M. PIERRE en fait une espèce spéciale en se basant sur les caractères foliaires et la forme du fruit.

Feuilles oblongues, courtement pétiolées, à pointe large, obtuses atténuées et aiguës à la base, pâles sur les deux faces et pourvues de quinze paires environ de nervures secondaires.

Inflorescence terminale.

Fruit ovoïde, légèrement acuminé, contenant une grande quantité de graines semblables à celles du genre.

Cette espèce présente une structure analogue à celle du *Melodinus Tournieri* Pierre. Signalons seulement que dans la nervure médiane de la feuille, l'anneau libéro-ligneux est complètement fermé ; que son limbe ne contient qu'une rangée de cellules palissadiques ; enfin, que la graine ne présente plus dans la partie interne des papilles des cellules épidermiques aucun de ces ornements si caractéristiques du *Melodinus Tournieri* Pierre. Seule, la base du poil est toujours sclérifiée. Le *Melodinus micranthus*, dont nous avons comparé la graine à celles des deux espèces laotiennes nouvelles, possède encore quelques ornements spiralés, mais n'a pas non plus le reticulum du *Melodinus Tournieri*.

Il existe encore dans le Cammon d'autres variétés de *Melodinus*, qu'en l'absence de fleurs et de fruits nous ne pouvons définitivement classer. En septembre 1902, à Phon thane, sous le nom de Yang dine, nous en avons recueilli deux espèces.

Une autre, qui se présente avec des feuilles verticillées comme le *Winchia* pourrait appartenir à ce genre dont le fruit n'est pas connu jusqu'ici. Le fruit jeune recueilli au Laos ressemble un peu à celui du *Melodinus* ; ses graines ont également une conformation identique mais possèdent un hile situé un peu au-dessous du milieu.

Une autre plante est également fort intéressante, elle a l'aspect du *Melodinus*. Son inflorescence se présente avec des jeunes ovaires noués ne contenant que quatre loges et chaque loge ne portant que deux ovules. Les sépales sont privés de squames. Le fruit qui accompagne cet échantillon, sphérique, possède un péricarpe tout à fait mou, contrairement à celui des *Melodinus*, et ses graines totalement privées d'albumen, sont au nombre de quatre à cinq par loge ; elles ont leurs cotylédons tout à fait inséparables.

En l'absence de l'échantillon complet qui ne saurait tarder à me parvenir, il est impossible de se prononcer sur cette plante qui pourra peut-être constituer un genre nouveau.

XIII

Genre BOUSIGONIA Pierre[1]

Ce genre, créé par M. Pierre, repris par K. Schumann[2], présente les caractères suivants :

Calice divisé jusqu'à la base en cinq lobes elliptiques, obtus duvetés, avec deux rangées d'écailles glanduleuses à la base de chaque sépale.

Corolle de forme pyramidale avec des lobes courts, elliptiques, se recouvrant à gauche.

Étamines insérées au milieu du tube.

Disque épais, attaché à la base de l'ovaire, l'enveloppant presque entièrement et se terminant à sa partie supérieure par dix petites dents.

Ovaire uniloculaire complètement supère.

Style libre, terminé au sommet par un corps ovoïde, stigmatique, surmonté de deux lobes lancéolés.

Placentas germinés, portant chacun deux rangées de quatre ovules. Ce genre, par son ovaire et par l'ensemble de ses caractères, est très voisin des *Leuconotis*. Il en diffère principalement par son disque et le nombre de ses parties florales.

BOUSIGONIA MEKONGENSIS Pierre

Spire, Col., 18.

Cette plante que nous avons récoltée sur les bords du Song Ca à Cahn trap sous le nom de Létra avait déjà été déterminée par M. Pierre il y a une vingtaine d'années. Elle serait originaire du Bas Mekong et aurait été introduite au jardin botanique de Saïgon où nous ne l'avons plus retrouvée. Les fruits seuls en étaient inconnus.

1. Pierre, *Archives de la Société linnéenne de Paris*, t. II, p. 35.
2. K. Schumann, *Natürl. Pflanzen.*, I, 1900.

Spire, Hanoï, 1902.

Bousigonia mekongensis Pierre
Létra (Annam)

Nous donnons ci-joint la description donnée par ce savant dans le *Bulletin de la Soc. Linn.*, Paris, 22 avril 1898 :

« Ses feuilles assez longuement pétiolées (1-2 centimètres) sont oblongues lancéolées, arrondies à la base et terminées par une pointe obtuse. Longues de 5 à 12 centimètres et larges de 2 à 3 cent. 5, très coriaces, elles sont pourvues de 8-12 paires de nervures secondaires presque horizontales et distantes l'une de l'autre de 1 à 1 cent. 1/2.

« Son inflorescence est à la fois terminale et axillaire, plus courte ou plus longue que la feuille. Elle est formée de cymes uniflores ou triflores. Assez longuement ramifiée et pédonculée, elle est, en somme, une grappe généralement pauciflore. Les pédicelles sont longs de 7 millimètres. Le calice est formé de cinq sépales elliptiques, arrondis, pubérulents, garnis de deux rangées de squames à leur base et entièrement libres. La corolle de forme pyramidale, longue de 9-10 millimètres a un tube trois fois plus long que ses lobes elliptiques, arrondis, le bord gauche recouvrant. Le bord droit n'est pas dilaté ni enroulé dans le tube avant l'anthèse, ainsi que cela a lieu chez le *Chilocarpus* et l'*Otopetalum*. Les étamines insérées au milieu du tube, presque sessiles, ont des anthères oblongues lancéolées dont les deux demi-loges, égales et fertiles, sont pourvues d'un pollen 4-5 gone. Le disque épais, libre au sommet ou conné à la base de l'ovaire est couronné par dix lobes très courts, arrondis et correspondant à autant de sillons pubérulents vers le haut. L'ovaire uniloculaire, entièrement supère, est ovoïde, lisse et plus long que le disque. Le style à peu près de la longueur de l'ovaire est terminé par un stigmate ovoïde et à pointe vraisemblablement indivise et certainement très courte effleurant la base des anthères. Les placentas géminés portent chacun quatre ovules en deux rangées. »

Le fruit est une baie ovoïde ou pyriforme de 52 millimètres de longueur sur 46 de largeur à base rétrécie.

Le péricarpe charnu est mince (1 millimètre environ) ; il contient trois à quatre graines.

La graine possède un tégument mince et cartilagineux. Ses cotylédons, longs de 3 centimètres, larges de 1 centimètre sont elliptiques, bilobés à la base et beaucoup plus longs que la tigelle cylindrique et déprimée.

Tige. — Cellules épidermiques à lumen très développé, rétréci par suite d'appositions internes de couches de cutine. Cuticule très épaisse; poils coniques, peu allongés, très aigus, souvent recourbés à l'extrémité. Parenchyme cortical très réduit, formé de cellules écrasées contre l'épiderme ; le péricycle contient un anneau scléreux continu analogue à celui des Lauracées, formé de deux rangées de cellules sclérifiées, ponctuées, isodiamétriques. Liber étroit pourvu de nombreux îlots de fibres cellulosiques, ou légèrement lignifiées, arrondies, que l'on rencontre jusqu'au cambium. Les éléments libériens, par suite du développement de ces fibres, forment de longues bandes comprimées prenant fortement le carmin. Le bois très épais occupe 1/4 du diamètre de la tige, il est en anneau continu; son parenchyme ligneux, composé de cellules très épaisses, entoure des vaisseaux à petit diamètre irrégulièrement disposés.

Le liber périmédullaire à très petites cellules, contient des poches à gomme plus ou moins développées. La moelle est formée de cellules arrondies, isodiamétriques, à parois minces et sclérifiées. Elle contient également des poches à gomme.

Les laticifères arrondis, très larges, existent dans les deux libers, surtout dans le liber normal jusqu'au cambium. Ils sont peu nombreux dans la moelle.

Feuille. — Épiderme formé de cellules tabulaires couvertes d'une cuticule subérifiée. Épiderme supérieur rectiligne, sauf au niveau de la nervure centrale où il s'incurve et prend des formes lobées. Épiderme inférieur mamelonné, à cuticule moins épaisse que celle de la face supérieure. Les deux épidermes sont pourvus de poils courts, coniques, unicellulaires, le plus souvent cellulosiques. Arc libéro-ligneux ouvert à concavité très accentuée, présentant un bois formé par des vaisseaux hexagonaux à large diamètre et à parois peu épaisses. Rayons médullaires à cellules rectangulaires parenchymateuses. Le liber circulaire, composé de cellules irrégulièrement polygonales, est dépourvu de fibres. Le parenchyme entourant l'arc libéro-ligneux est constitué par des cellules arrondies, légèrement collenchymateuses sous l'épiderme.

Le limbe présente un hypoderme très développé, à cellules allongées, à cloisons latérales légèrement ondulées. Mésophylle palissadique formé de très petites cellules occupant 1/4 de l'épaisseur du limbe ; zone lacuneuse à cellules rectangulaires disposées en tous sens. Sous l'hypoderme on remarque très fréquemment de grandes zones de fibres sclérifiées, à lumen arrondi. Absence d'oxalate de calcium.

Laticifères localisés dans les deux libers.

BOUSIGONIA ANGUSTIFOLIA Pierre

SPIRE, Col., 39.

Recueillie dans le Song Ca, près de Khe Kian, sous le nom de Khua mak yang, cette plante avait alors, en mai, des fruits très jeunes encore.

Plus tard, en juillet, à Xieng Kouang, j'ai retrouvé la même Apocynée portant cette fois les noms de Khua mak khao banc chez les Laotiens, de Thi meu line trone chez les Méos.

D'après ces derniers, ces arbustes ne seraient pas très abondants, et n'auraient pu être exploités autant à cause de leur rareté que de la mauvaise qualité de leur latex qui ne se coagulerait que très difficilement.

Je n'en ai jamais observé au cours de mes herborisations dans les provinces du Cammon et du Camkeut.

Cymes disposées en grappes axillaires, à pédoncules plus longs que les ramifications. Calice à sépales libres dans leurs 2/3 supérieurs, obovés, portant à leur base deux à trois séries très denses de glandules. Corolle hypocratériforme, glabre sur ses deux faces. Tube un peu atténué au sommet, à lobes falciformes, arrondis, se recouvrant à gauche. Étamines insérées vers le milieu du tube. Disque adné à l'ovaire, pourvu de côtes et terminé par cinq petits lobes arrondis.

Ovaire surmonté par un style filiforme pourvu d'un stigmate ovoïde. Fruit bacciforme, obové, atténué ou subpédiculé à la base, à cavité centrale divisée en deux loges portant chacune une fausse cloison et contenant chacune deux graines.

Graine ovoïde, lisse, plan convexe; embryon petit; albumen très développé.

Feuilles linéaires lancéolées, acuminées, à base atténuée vers le pétiole, 7 centimètres de longueur environ sur 15 à 16 millimètres de largeur; 20 à 25 paires de nervures secondaires; pétiole court embrassant la tige.

Tige articulée, couverte d'un léger duvet dans les rameaux jeunes.

Tige. — Suber sous-épidermique. Le parenchyme cortical présente, dans sa quatrième assise, un anneau continu, étroit, formé de cellules scléreuses, subhexagonales, ornées de quelques ponctuations. Le péricycle est constitué par des îlots de fibres non lignifiées, groupées par vingt-cinq ou trente éléments ; ces fibres sont larges, étirées tangentiellement, à parois étroites et large lumen. Les îlots sont disposés d'une façon alterne, suivant deux cercles concentriques. Le liber peu développé est circulaire et d'égale épaisseur ; on y trouve des cellules à parois souvent ondulées, constituant un parenchyme libérien où les éléments criblés sont irrégulièrement disséminés. Le liber pénètre parfois dans le corps ligneux et lui donne alors un aspect cannelé. Bois en anneau continu, à vaisseaux arrondis à parois minces. Rayons médullaires lignifiés. Liber périmédullaire peu développé, à peine différencié de la zone de la moelle ; les tubes criblés sont peu visibles en coupes transversales, et l'on doit avoir recours aux coupes longitudinales pour se convaincre de leur présence. Les cellules de la moelle sont en partie sclérifiées, à parois ponctuées. Elles contiennent presque toutes dans leur lumen un volumineux cristal prismatique d'oxalate de calcium.

Laticifères nombreux, mais étroits, dans la région péricyclique au voisinage du liber normal, plus rares dans la moelle où leur diamètre augmente.

Pétiole. — Cuticule épaisse souvent lignifiée. Poils courts, unicellulaires, non lignifiés. Le parenchyme cortical, formé de cellules rondes est devenu légèrement collenchymateux dans la région sous-épidermique. Trois faisceaux libéro-ligneux ; le médian plus développé que les autres a l'aspect d'un arc très fermé avec des rayons médullaires non lignifiés. Le liber circulaire contient des cellules à parois minces ondulées. Absence d'îlots de fibres péricycliques.

Le caractère de ce pétiole est de présenter dans le liber de très petites macles d'oxalate de calcium.

Feuille. — Constitution très voisine de celle du *Bousigonia mekongensis.* Epiderme supérieur ondulé, inférieur rectiligne, mais le liber renferme les petites macles déjà signalées dans le pétiole.

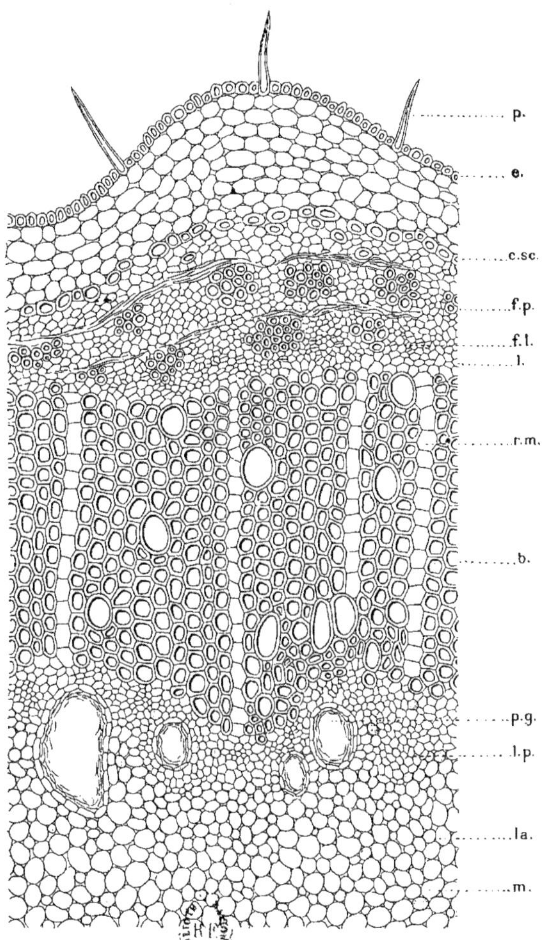

Bousigonia angustifolia Pierre

Coupe transversale de la tige. — *p.*, poil; *e.*, épiderme; *f.p.*, fibres péricycliques; *f.l.*, fibres libériennes; *l.*, liber; *r.m.*, rayons médullaires; *b.*, bois; *p.g.*, poches à gomme; *l.p.*, liber périmédullaire; *la.*, laticifère; *m.*, moelle.

Nous constatons également ici l'absence de fibres péricycliques. Le mésophylle présente un hypoderme à cellules rectangulaires bien plus développées que les cellules de l'épiderme. Le parenchyme palissadique est à deux rangées de cellules peu allongées, se différenciant mal des voisines qui constituent le mésophylle lacuneux. Laticifères rares même dans les deux libers.

Fruit. — Zone externe formée de six ou huit rangées de petites cellules, dont la plus externe ou épicarpe possède une cuticule lignifiée. Vient ensuite une zone de quatre ou cinq rangées de cellules scléreuses puis de petites cellules entre lesquelles sont disséminés quelques faisceaux libéro-ligneux étroits, dépourvus de fibres. Enfin l'endocarpe lignifié présente d'abord une zone de fines cellules serrées, qui s'allongent bientôt en poils internes formant un feutrage assez doux dans lequel se disséminent les graines.

Laticifères localisés au-dessous de l'anneau scléreux dans tout le reste du péricarpe.

Graine. — Épiderme avec cellules à parois minces bombées extérieurement, ce qui donne au tégument un aspect festonné. Au-dessous, les cellules ont des parois ondulées très fines : plus profondément, les parois s'épaississent et la cellule devient polygonale. L'albumen, constitué par de larges cellules hexagonales, contient des laticifères abondants que l'on retrouve également dans l'embryon. Dans le raphé se rencontrent de nombreux faisceaux libéro-ligneux entourés de laticifères.

L'étude morphologique des *Bousigonia* nous permet de les placer près des *Melodinus* : l'histologie vient montrer encore que ce groupement systématique est rationnel.

Les *Melodinus* présentent, en effet, comme caractères anatomiques constants : un parenchyme cortical renfermant toujours des îlots fibreux ; un anneau également fibreux dans le péricycle de la tige, et dans la feuille ; une graine avec des papilles épidermiques plus ou moins sclérifiées. Chez les *Bousigonia*, nous retrouvons également les îlots fibreux du parenchyme cortical, l'anneau fibreux du péricycle. Mais ils diffèrent, d'autre part, des Mélodinées par la présence de fibres libériennes dans la tige, de trois faisceaux libéro-ligneux dans le pétiole au lieu de cinq, par l'existence d'un hypoderme sous lequel on retrouve de petits sclérites isolés, enfin, par l'épiderme de leurs graines, dont les cellules conservent toujours des parois minces sans papilles. Le tableau suivant permettra la diagnose des espèces laotiennes appartenant à ces deux genres :

Graine à épiderme avec papilles. Feuille sans hypoderme	*Melodinus*	Papilles à base sclérifiée	Ornements réticulo-spiralés.....	*M. Tournieri*
			Ornements spiralés............	*M. micranthus*
			Sans ornements	*M. Guignardi*
Graine à épiderme sans papilles. Feuille avec hypoderme	*Bonsigonia*		Deux rangées de cellules palissadiques........	*B. angustifolia.*
			Une rangée......	*B. mekongensis.*

Telles sont, en somme, les principales lianes exploitées actuellement, tant en Annam qu'au Laos. Il est probable que de nouvelles investigations feront découvrir, en particulier sur les sommets boisés du Haut-Tonkin que les botanistes n'ont pas encore visités, d'autres espèce d'Apocynées ignorées par l'indigène lui-même.

En comparant les résultats de nos herborisations avec ceux de nos prédécesseurs, nous voyons que l'on peut identifier presque toutes les espèces signalées.

Le premier en date, M. Breugnot, inspecteur de milice, commandant le poste de Cua Rao, s'est occupé, d'accord avec son voisin, le R. P. Guignard de la mission de Cahn trap, de la recherche des matériaux d'herbier et de la classification des principales lianes de la chaîne annamitique. A son rapport resté manuscrit, en partie, et qui nous fut communiqué à Hanoï par la Direction de l'Agriculture, nous avons puisé d'excellents renseignements avant notre départ pour l'intérieur.

M. Breugnot, sous le nom générique de Khua mak Khao ngoua [1], avait réuni trois espèces dont les feuilles et les fruits permettaient une facile différenciation, même pour un observateur non versé dans les sciences naturelles. Ses trois variétés correspondent aux trois Parabarium que nous avons décrits sous les noms de Parabarium Quintareti, Spireanum et Tournieri.

Il avait également récolté et signalé dans son rapport sous le

1. *Bulletin économique de l'Indo-Chine*, du 1er juillet 1901.

nom de Khua khao ken, que nous avons également adopté, le Parameria glandulifera Bentham, et c'est sur la même liane, trouvée par lui, en février 1900, près du poste, dans un bois réservé aux sépultures indigènes, que nous avons recueilli les échantillons floraux rapportés en France et rapprochés du Parameria Pierrei Baillon, récolté en Cochinchine et au Cambodge.

Sous le nom de Khua mak ngam, Breugnot décrit une liane dont les échantillons fructifères lui furent rapportés cette même année du Huyen de Hoy Nguyen par des miliciens envoyés en reconnaissance. Ce sont bien, d'après les dessins annexés à son rapport, les fruits et les feuilles du Chonemorpha Grandieriana Pierre dont nous avons pu trouver plus tard des rameaux chargés de fleurs.

La liane dont il décrit les feuilles sous le nom de Khua mak ham ngoua existe en abondance tout autour de Cua Rao, dans les terrains secs et rocailleux. Elle ressemble beaucoup par son port, la forme et le duvet de ses feuilles au Khua yang thok de la même région, le Micrechites Jacqueti Pierre. C'est cependant une Asclépiadacée dont le latex, très aqueux, n'est pas exploitable du reste, étant données les faibles dimensions qu'atteignent les lianes, même adultes.

M. Breugnot donne une excellente description des caractères végétatifs du Yang thok, Micrechites Jacqueti Pierre, et du Khua som lom, Ecdysanthera rosea A. DC. Il signale également une autre Asclépiadacée, le Khua en on, très abondante également dans toute l'Indo-Chine et dont les échantillons de fruits et de latex sont parvenus depuis et nous ont été communiqués par le Jardin colonial de Nogent-sur-Marne. Enfin, M. Breugnot est le premier qui ait signalé le Khua mak kon kong dont Pierre, sur des échantillons fructifères reçus du Mèkong, peu après, a fait l'espèce Melodinus Tournieri.

M. Quintaret, dans sa mission au Cammon et au Camkeut, a été moins heureux dans ses recherches. D'accord avec M. Jumelle, il a identifié les fruits rapportés de Napé sous le nom de Khua mak khao ngoua avec ceux de l'Ecdysanthera micrantha A. DC. Il a recueilli dans la même région les fleurs d'une espèce publiée par lui sous le nom de Micrechites napeensis, espèce que, d'accord avec M. Pierre, nous avons décrit sous le nom de Parabarium napeense.

M. Achard, dont nous avons à peu près suivi les itinéraires annamites et laotiens, a publié le résultat de ses herborisations dans le

Bulletin économique d'Indo-Chine. Malheureusement, traversant les pays pendant la saison sèche, il n'a pu recueillir que des matériaux d'herbier assez incomplets. Certaines espèces, comme le Khua khao poun et le Khua yang hung, que M. Achard localise dans les plaines basses et marécageuses, n'ont jamais été rencontrées par nous. Pour les Khua katang katiou, je crois devoir identifier l'échantillon trouvé près du village de Ma Phung et dont la feuille est dessinée par lui (p. 93, fig. 1) avec l'Ecdysanthera rosea, le Khua som lom, dont la comestibilité de la feuille lui a été également signalée.

L'échantillon floral du R. P. Contet, qui m'a été envoyé à Buitenzorg sous le nom de Khua mak khao ngué, est identique aux échantillons floraux que j'ai cueillis à Cua Rao sur le Parameria glandulifera A. DC. Rien d'étonnant, du reste, à ce que dans le bassin du Moyen Mèkong, vers Pak Inboum, où résidait le R. P. Contet, le Parameria glandulifera ne prospère, retrouvant là des conditions climatologiques, identiques à celles du Cambodge, son habitat de prédilection.

D'après le fruit décrit et dessiné par Achard sous le nom de Khua mak kha kay, je crois pouvoir rapprocher la liane de celle décrite précédemment sous le nom de Xylinabaria Spirei Pierre. Quant aux deux lianes principales du Tranninh, son Mak khao ngoua deng est certainement le Parabarium Tournieri Pierre, et le Khua mak duei kay, dont le nom (fruit en éperon de coq) ne s'applique guère à la forme corniculée des fruits du Parabarium, M. Pierre en a fait le Parabarium linocarpum.

Le travail de M. Vernet qui n'a paru, malheureusement, qu'au cours d'impression de ma thèse, nous apporte encore des données fort intéressantes. Sa première espèce, l'Ecdysanthera Langbiani, a été étudiée, comme nous l'avons dit plus haut, par M. Pierre, sur un échantillon communiqué à ce savant par l'auteur lui-même. Il l'a identifié, sous le nom de Parabarium Verneti Pierre, avec le Parabarium que nous avons rapporté du Tranninh, sous le nom de Mak sang khua dam.

L'Ecdysanthera Annamensis est sans nul doute, d'après les descriptions et dessins du chimiste de Nha trang, l'Ecdysanthera rosea A. DC.

Enfin, le Chonemorpha Yersini doit, comme l'a fait remarquer M. Capus, se confondre avec le Chonemorpha Grandieriana de Pierre.

Pour une liane à caoutchouc rencontrée sur la frontière du Laos, près du village Moï de Pourteng, M. Vernet crée un genre nouveau, le Pezisicarpus. A la description et surtout au dessin des fruits donné par cet auteur, je crois reconnaître une Asclépiadacée que j'ai récoltée à maintes reprises aux environs de Phonthane (province du Cammon), sous le nom indigène de Bouak kay et dont j'attends les échantillons floraux pour compléter l'étude.

Outre les espèces que nous venons d'étudier longuement, parce qu'elles sont nouvelles, et en général bonnes productrices de caoutchouc, l'Indo-Chine, et en particulier le Laos, possède encore un certain nombre d'arbres ou de lianes anciennement déterminées comme Apocynées : espèces qu'il nous semble intéressant de signaler puisque le colon indo-chinois est appelé à les rencontrer souvent dans les concessions forestières qu'il voudra exploiter.

Les deux espèces les plus intéressantes par l'extension de leur habitat sont, sans contredit, le Vallaris Heynei Spreng. et le Pottsia Cantonensis.

Nous en donnerons une description rapide pour permettre aux colons de reconnaître, afin de ne pas les exploiter, ces deux lianes à latex très résineux :

VALLARIS HEYNEI Sprengel

SPIRE, Coll., n° 12.

Cette liane, déjà recueillie en 1870 sur le mont Chereer, province de Samrtong, au Cambodge, par M. PIERRE, a été retrouvée au cours de notre mission, sur les bords du Song Ca, entre Cahn trap et Tha Do.

Elle semble porter dans cette province de Vinh, deux noms indigènes, Ngonbe et Khua mak say kay.

Un échantillon, très bien développé existe dans une forêt vierge, voisine du poste de milice de Cua Rao. Elle atteint 25 à 30 mètres de hauteur sur 10 à 12 cent. de diamètre à la base et ne pousse ses rameaux feuillés et florifères que dans sa partie terminale. Son écorce est grisâtre, très crevassée.

La période de floraison se prolonge de juin à octobre. La corolle jaune pâle se détache facilement à maturité.

Notons, en passant, que cette liane semble attirer les fourmis rouges. Les trois échantillons rencontrés tant à Cua Rao qu'à Tha do en étaient couverts; la recherche des matériaux d'herbier en était par suite excessivement pénible. L'incision donnait immédiatement issue à une grande quantité d'un latex clair, assez difficilement coagulable.

Ses caractères botaniques sont les suivants :

Calice petit, à 5 sépales libres, se recouvrant fort peu, pileux sur leur surface externe, à écailles glanduleuses sur la face interne.

Corolle aux 2/3 inférieurs soudés en un long tube sans écailles, à lobes dentés et aigus, se recouvrant à droite.

Le cône anthéro-staminal fait complètement saillie au-dessus de la gorge.

Étamines insérées à peine au-dessous de cette gorge; filets très courts couverts sur leur surface interne d'un revêtement pileux.

Anthères biloculaires sagittées.

Disque en anneau à 5 dents entourant et dépassant complètement les carpelles.

Style renflé terminé par un stigmate conique qui présente 5 petites facettes pour l'insertion des anthères.

Tige articulée et glabre.

Feuilles opposées, ovales arrondies, acuminées au sommet, munies de sept paires de nervures secondaires, s'anastomosant sur les bords; nervures tertiaires en réseau.

Je n'ai pu recueillir les fruits qui, d'après la description de Sprengel, seraient des doubles follicules presque complètement soudées, cylindriques, pointues à l'extrémité, avec des graines nombreuses, elliptiques et munies d'une aigrette.

POTTSIA CANTONENSIS Hook et Arn.

SPIRE, Coll., n° 85.

Recueillie à Cua Rao, près de la mission de Cahn trap, sous le nom de Diameuroun. Retrouvée en grande abondance à Xieng Kouang, en juin et juillet.

D'après les dires des Laotiens, elle serait exploitée pour son latex; pour ma part, je n'ai jamais rencontré que des lianes très petites

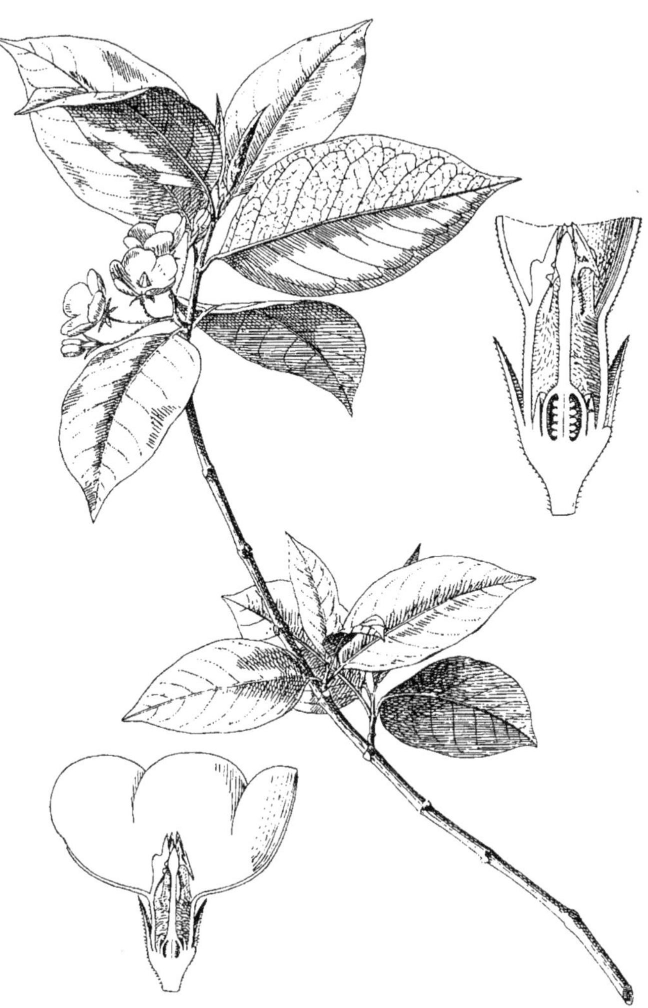

Vallaris Heynei SPRENG.
Ngon bè. Cua Rao

atteignant à peine 1 centimètre à 1 cent. 1/2 de diamètre formant sur les coteaux dénudés, dans les anciens rays en particulier, de petits buissons peu fournis,

Ses caractères botaniques sont les suivants :

Calice petit à sépales imbriquées, aiguës et sans squames.

Corolle hypocratériforme à tube cylindrique, étranglée à la gorge, et lobes pétalaires se recouvrant à droite.

Étamines insérées près de la gorge de la corolle ; filets courts.

Anthères sagittées à prolongements caudaux très longs.

Disque épais, profondément divisé en cinq lobes.

Style filiforme. Stigmate en massue.

Les fruits, que je n'ai pas rencontrés, seraient, d'après K. Schumann, des follicules allongés, contenant des graines linéaires, sans bec, à aigrette caduque.

ERVATAMIA REPEUENSIS Pierre

Recueillie en 1870 par M. Pierre, au Cambodge.

Cet auteur reprit pour cette espèce et pour l'Ervatamia Harmandii la section Ervatamia, créée par De Candolle dans les Tabernaemontana.

Cet arbuste porte à Phon thane, où nous l'avons recueilli, le nom de Mak dua Kay, fruits en ergots de coq, qui semblent assez caractéristiques pour ces follicules courts et recourbés en une pointe plus ou moins acérée. L'Ervatamia Harmandii Pierre existe également aux environs de Cahn Trap (prov. de Vinh).

ERVATAMIA PALLIDA Pierre

Connue par les Laotiens sous le même nom que l'espèce précédente, l'Ervatamia repeuensis.

Son ère d'habitat semble très étendue. Sous le nom méo de Kroette Koé nous en avons rencontré au Tranninh. Nous en avons reçu à Luang Prabang où les Khas l'appellent Tron plao. A Banbo, dans le Cammon, le petit arbuste qui nous a fourni les échantillons floraux étudiés ici semble n'être pas rare. Il atteignait, du reste, des dimensions très faibles, la tige n'étant guère plus grosse que le pouce. Il est vrai que le terrain, très sec, brûlé par l'incendie annuel, semblait s'opposer à toute végétation puissante.

Les fleurs blanches présentent un calice très petit, à sépales unis dans leurs 2/3 inférieurs, portant à leur face interne une couronne de petites glandules. La corolle hypocratéiforme est constituée par un tube très long, des lobes libres étalés à plat, se recouvrant légèrement à gauche.

5 étamines sagittées insérées tout à l'extrémité du tube et faisant saillie dans la fleur adulte, au-dessus de la gorge.

Ovaire bicarpellé, supère, sans disque, prolongé par un style bifide à la base, très long, se terminant par un stigmate en massue surmonté d'un prolongement bidenté.

Le fruit est un double follicule dont chaque partie a grossièrement la forme d'une cornemuse longue de 1 centimètre à 1 cent. 5 sur 6 à 8 millimètres, à péricarpe charnu, à endocarpe mince. Graines comprimées, à section triangulaire, obtuses aux extrémités, sans aigrette.

Feuilles elliptiques, acuminées au sommet, s'atténuant à la base en un pétiole très court. Elles ont de 12 à 15 centimètres de longueur sur 3 cent. 5 à 4 cent. 5 de largeur; 8 paires de nervures secondaires; un réseau tertiaire très riche.

HOLARRHENA PERROTI Spire

SPIRE, Coll., n° 120.

Arbre atteignant 15 à 18 mètres, très abondant dans les environs de Phon Thane (Cammon).

Les Laotiens emploient le terme général de Mak mouk pour les différentes espèces d'Holarrhena. Ce dernier est le Mak mouk Kho (Kho, grand arbre) qui croît de préférence dans la forêt. Son écorce sert dans le traitement de la diarrhée.

Son latex est abondant mais non coagulable. Les fleurs, blanches, apparaissent en août. J'ai pu en recueillir encore quelques rares échantillons en octobre. En revanche, à cette date, tous les Holarrhena portaient des fruits.

Rameaux glabres, brunâtres, avec des lenticelles plus claires.

Feuilles ovales, à extrémité terminée par un acumen aigu, atteignant 25 centimètres de longueur sur 11 à 12 centimètres de large; pétiole très réduit, de 4 à 5 millimètres.

Face inférieure recouverte d'un duvet très fin; face supérieure glabre.

Nervure médiane très brillante sur la face inférieure; 11 à 14 paires de nervures secondaires se recourbant et s'anastomosant sur les bords de la feuille.

Nervures tertiaires parallèles réunies par un fin réseau quaternaire.

Fruit. — Double follicule allongé, aigu aux extrémités, s'atténuant à la base en un pédoncule très court, mesurant de 25 à 28 centimètres sur une largeur moyenne de 6 à 7 millimètres. Épicarpe très mince; endocarpe ligneux contenant un très grand nombre de graines, allongées, longues de 12 à 14 mill. sur 1 mill. 5 à 2 millimètres de large, surmontées d'une aigrette fauve.

HOLARRHENA PIERREI Spire

Spire, Coll., nº 122.

Mak mouk tong (de la grande forêt) des Laotiens du Cammon. Son habitat de prédilection semble être en effet la grande forêt des derniers contreforts de la chaîne annamitique, sol sablonneux.

Les fleurs, que nous n'avons pu recueillir, apparaîtraient en juin et juillet. Elles seraient blanches comme celles du Mak mouk Kho.

Les feuilles ovales, lancéolées, glabres sur les deux faces, atteignant de 11 à 15 centimètres de longueur sur 5 centimètres à 5 cent. 5 de largeur. 7 paires de nervures secondaires s'anastomosant sur les bords; nombreuses nervures tertiaires parallèles entre elles, presque perpendiculaires aux nervures secondaires.

Les fruits, beaucoup plus longs que dans l'espèce précédente, atteignent jusqu'à 40 centimètres de longueur sur 4 à 5 millimètres de largeur. Ils ont la même structure; leurs graines ne diffèrent également que par la longueur.

HOLARRHENA CRASSIFOLIA, var. MONTANA Pierre

SPIRE, Coll., n° 123.

Mak mouk kuay du Cammon (Kuay, poison pour les buffles). Les feuilles seraient toxiques, d'après la tradition populaire, pour ces animaux qui, du reste, même en temps de sécheresse, ne brouteraient pas les jeunes pousses.

Comme pour les deux espèces précédentes, les fleurs qui apparaissent en mai et avril n'ont pas été recueillies encore, mais les collecteurs du pays doivent me les faire parvenir.

Les feuilles ovales, elliptiques, presque dépourvues totalement de pétioles ont leurs extrémités presque arrondies.

Glabres sur la face supérieure, elles sont couvertes d'un fin tomentum sur la face inférieure.

13 à 14 paires de nervures secondaires, très accentuées, viennent s'anastomoser sur les bords. Les réseaux tertiaires et quaternaires viennent former un quadrillage très spécial.

Le fruit est composé d'un double follicule à deux parties parallèles entre elles et semblant continuer le pédoncule commun.

Il atteint de 20 à 25 centimètres de longueur sur 3 à 5 millimètres de largeur et présente la même constitution que les espèces précédentes.

ICHNOCARPUS FRUTESCENS Linn.

SPIRE, Coll., n° 10.

Cette liane n'a été rencontrée qu'une fois, près du village de Banbo, dans la province du Cammon. Elle semblait ignorée, même des collecteurs de caoutchouc qui connaissent cependant toutes les plantes à latex. D'après le chef de Banbo, elle serait assez rare dans le pays et son produit ne présenterait aucun intérêt. L'individu sur lequel j'ai pu recueillir en décembre quelques échantillons floraux avait des dimensions très réduites. La tige buissonnante ne mesurait que 10 à 12 millimètres de diamètre.

Le nom que j'ai pu obtenir des indigènes, Khua en on, doit se traduire Liane. nerf faible. Il semblerait que cette plante sert dans la thérapeutique locale pour le traitement des épileptiques et des fous.

Nous résumerons rapidement ses caractères botaniques principaux :

Calice petit, à 5 sépales aigus, légèrement imbriqués, munis à leur base de squames glanduleuses.

Corolle hypocratériforme avec tube étranglé à la gorge, dilaté au point d'insertion des étamines, recouvert à la partie interne d'un revêtement pileux; lobes épais et longs, contournés, se recouvrant à droite.

Étamines insérées vers le milieu du tube, à filet très court, et anthères sagittées.

Disque annulaire à 5 dents.

Carpelles à très nombreux ovules. Style filiforme. Stigmate très épais, cylindrique à la base, pointu au sommet.

Feuilles elliptiques, acuminées aux deux extrémités, glabres sur la face supérieure, pubescentes sur leur face inférieure: 5 à 6 paires de nervures secondaires; longueur moyenne 4.5 à 6 centimètres sur 2 centimètres à 2 cent. 5 de largeur.

Il nous faut citer encore l'Ichnocarpus acuminata Benth et Hook fils, qui porte au Cammon, à cause de la ressemblance de ses fruits avec ceux de l'Holarrhena, le même nom générique de Mak mouk.

Mentionnons encore, avant d'abandonner l'étude botanique des Apocynées indo-chinoises, les deux genres de Parsonsiès créés par Pierre il y a quelques années.

Le genre Paravallaris, représenté en Extrême-Orient par un arbuste trouvé par Harmand, entre Hué et le Mekong.

Le genre Microchonea et son espèce, le Microchonea lucida, recueillie par Pierre près de Bien-Hoa.

Nous avons reçu il y a quelques semaines du Cammon, sous les noms génériques de Mak sang et de Yang nhut les échantillons botaniques d'une nouvelle espèce laotienne, le Rhynchodia Pierrei. Ses caractères botaniques sont les suivants.

RHYNCHODIA PIERREI Spire

SPIRE, Coll., n° 125.

Jeunes rameaux et inflorescence pubescents.

Feuilles assez courtement pétiolées (12 à 15 mil.) elliptiques ou le plus souvent oblongues-lancéolées à pointe obtuse, atténuées et aiguës à la base, brillantes en dessus, glauques et pubescentes en dessous, pourvues de 8 à 12 paires de nervures secondaires et mesurant de 15 à 28 centimètres de longueur sur 6 à 9 centimètres de large.

Grappes de 5 à 6 fleurs, ramifiées de une à deux fois. Sépales ciliés pourvus de huit glandules à leurs bases. Tube de la corolle pentagone, velu vers le sommet des filets et à la base des lobes.

Disque profondément lobé, à lobes denticulés.

Ovules sur quatre rangées dans chaque carpelle.

M. de Lanessan, dans la *Flore des Colonies françaises* signale également comme Apocynées autochtones : le Nerium oleander L. (Cay dao le), le Nerium divaricatum (Cay moc hoa do), le Nerium ou Wrightia antidyssenterica (Cay moc hoa-tlang), le Nerium scandens Lour (Cay boi boi), enfin l'Apocynum juventas Lour (Ha thuo nam).

Il nous faut citer encore trois espèces non caoutchoutifères, recueillies à Cua Rao : le Dok choï, à fleur rose pâle, Rauwolfia serpentina Bentham ; le Dok nham hay, Strophantus gigantea, Pierre, non publié encore ; le Mak Khao Khat, Strophantus, sp. nov., que nous nous réservons de décrire plus tard.

AIRE GÉOGRAPHIQUE
ET
CONDITIONS DE VÉGÉTATION

Il est difficile de fixer l'aire géographique des espèces caoutchoutifères de notre colonie d'Extrême Orient.

L'attention n'a été attirée sur cette richesse forestière que depuis très peu de temps d'une part, et le nombre des botanistes ou des voyageurs qui se sont occupés de leurs recherches est encore trop peu nombreux pour qu'il soit possible à l'heure actuelle de préciser leur habitat dans toutes les provinces d'Indo-Chine.

Quoi qu'il en soit, les centres principaux de production étant relativement connus maintenant, grâce aux voyages de MM. QUINTARET et ACHARD et par nos propres missions, nous allons successivement passer en revue les principales espèces exploitées.

De toute, l'Ecdysanthera rosea, le Khua som lom est la plus répandue dans la colonie. Comme nous l'avons déjà dit plus haut, elle existe, d'après nos constatations, sur les bords du Song Ca a Cua Rao, au Tranninh, au Cammon. — M. LEBLEVEC la signala sur le Mékong à Pak San, à Pak Inboum. Cette espèce est encore très répandue en Annam, d'après les observations de M. VERNET qui l'a trouvée dans les provinces de Nha Trang, du Phu Yen et du Binh Dinh, aux cols de Deo-Ca et de Cu-Mong. Elle semble donc se plaire à des altitudes très variables, puisqu'elle fleurit et fructifie dans les basses vallées du Mékong et du Song Ca, comme sur les versants très élevés du plateau du Tranninh.

Après l'Ecdysanthera rosea, ce sont les différentes espèces de Parabarium qui semblent être les espèces caoutchoutifères les plus abondantes et les plus largement distribuées dans notre Indo-Chine. Mais, peut-être est-ce la valeur de leurs produits qui a plus spécialement attiré l'attention sur ce genre, et contribué ainsi à faire connaître leurs habitats ?

Le Parabarium Tournieri Pierre, le Mak sang Khua deng se plaît dans les hautes régions boisées de la chaine annamitique. Il forme l'espèce la plus répandue entre Tha Do et Xieng Kouang d'une part, dans la vallée du Nam San, dans celle du Nam Khan, en somme sur tous les contreforts du [grand plateau central laotien.

Dans les provinces du Cammon et du Cam Keut, ce nom semble encore connu par quelques collecteurs Pou Thays, mais ils l'appliquent, me semble-t-il, vraisemblablement, au Parabarium Spireanum.

M. Achard en délimitant l'habitat des différentes espèces laotiennes localise le Khua Khao ngoua au sommet de la série, à des altitudes variant par conséquent entre 900 et 1.200 mètres. Je partage entièrement l'avis de cet auteur, mais à la condition d'appliquer le terme de Khao ngoua au seul Mak sang Khua deng.

Le Parabarium latifolium, le Mak sang Kohn semble avoir, avons-nous dit, comme habitat exclusif les pentes élevées du plateau du Tranninh. Je l'ai vainement recherché au Cammon et dans la vallée du Mékong et du Song Ca.

M. Brelgnot cependant, en décrivant cette troisième variété de Khao ngoua que j'ai rapprochée du Parabarium latifolium, lui donne comme habitat toute la vallée du Nam non, rive gauche, vers Nam Hi et Huoi Yen, et enfin toute celle du Sam to. Mais les dires des indigènes sur lesquels il s'appuie auraient besoin d'être vérifiés.

Le Parabarium Spireanum Pierre n'existe pas au Tranninh. Les échantillons sur lesquels l'espèce fut créée provenaient des montagnes dominant Cahn trap.

Elle constitue avec l'espèce suivante, le Parabarium Quintareti Pierre, les principaux producteurs du caoutchouc récolté dans la vallée du Song Ca, dans le bas Phu Thuong, dans la vallée du Nam Khiem et dans les provinces du Cammon et du Camkeut. Il est donc bien difficile de fixer l'ère d'habitat de ces lianes puisqu'on les trouvent à des altitudes excessivement variables, de 200 à 800 mètres parfois. Elles pourraient même exister dans la plaine puisque M. Quintaret signale, comme nous l'avons dit, son Ecdysanthera micrantha dont nous avons fait le Parabarium Quintareti sur les deux rives du Nam tom et dans toute la province du Hatinh.

Le Parabarium napeense Pierre semble se cantonner dans la seule province du Cammon.

Le Parabarium Verneti Pierre, le Mak sang Khua dam est une des trois lianes exploitées intensivement par les Laotiens et les Méos du Tranninh. Elle se plaît donc à des altitudes égales à celles du Parabarium Tournieri Pierre et du Parabarium latifolium Pierre. Elle serait cependant plus répandue que les deux autres espèces, puisque M. Canivet l'a signalée en Annam sur le massif boisé à Dalat, et que M. Vernet en a retrouvé également aux environs du Lang Bian, à Pourteng, Drand, Pesroïn, Pampeï-dang.

Nous n'avons jamais rencontré au Laos et en Annam le Parababarium Candollei Pierre, liane récoltée par Balansa au Tonkin. Quant au Parabarium cambodiensis Pierre, trouvé à Phu Quoc, il n'a encore été signalé que par cet auteur.

Contrairement aux Parabarium qui préfèrent la montagne, le genre Parameria représenté en Indo-Chine par une espèce, le Parameria glandulifera Bentham, semble ne pouvoir se développer que dans les vallées basses, chaudes et humides.

Il constitue la meilleure espèce à latex réellement caoutchoutifère des vastes plaines du Cambodge et des forêts du Kampot. On l'a rencontré, plus avant dans la vallée du Mékong, vers Pak Inboum, et quelques échantillons très rares d'après les indigènes du Song Ca, dans la province de Vinh, vers Cua Rao. Rappelons que M. Haffner a signalé son extrême abondance dans l'île de Phu Quoc, et que, d'après M. l'administrateur Séville, le Parameria glandulifera se remontrerait au Tainninh à des altitudes variant entre 300 et 700 mètres.

Les Micrechites semblent encore moins faciles à localiser. L'espèce dominante, le Micrechites Jacqueti Pierre, existe en effet dans toute la vallée du Song Ca, à Cahn trap par exemple, par 80 mètres d'altitude, comme sur les contreforts du plateau du Tranninh, entre Tha-Do et Xieng-Kouang, vers 600 à 800 mètres de hauteur. Il se rencontre également au Tonkin, dans les bois avoisinant Phu lang Thuong où il constitue l'espèce d'Apocynées la plus abondante.

Les Xylinabaria semblent être répandus dans toute l'Indo-Chine ; l'espèce la plus productive, le Xylinabaria Raynaudi Jumelle serait très commune au Tonkin ; le Xylinabaria minutiflora Pierre paraît se limiter au Cambodge et à la basse Cochinchine ; quant à l'espèce nouvelle que nous avons trouvée sur les hauts sommets de la chaîne annamitique bordant la province du Cammon, le Xylinabaria Spirei Pierre, il ne pourrait se développer, d'après le chef du village de Ban-bo, qu'à des altitudes très élevées, 800 à 1.200 mètres.

Le Chonemorpha Grandieriana Pierre comme le Nouettea cochinchinensis Pierre sont des lianes de faible altitude. Les premiers échantillons ont été recueillis par M. PIERRE sur les montagnes de Baria en Cochinchine. M. BREGNOT et nous-même l'avons retrouvée dans le huyen de Hoy Nguyen. M. YERSIN a signalé également sa présence en Annam dans le Suoï-Gio (Khanh-hoa).

Il n'en est plus de même des deux espèces voisines, le Chonemorpha mégacalyx Pierre qui semble ne pouvoir se développer, ainsi que le Chonemorpha Griffithii Hooker, que sur les pentes des sommets très élevés se dressant çà et là au-dessus du plateau du Tranninh et qui vivent par conséquent à une altitude minimum de 1.100 mètres.

Beaucoup plus répandu est l'Amalocalyx microlobus Pierre trouvé pour la première fois par le Docteur HARMAND entre Hué et le Mékong, et que j'ai rencontré dans la région de Vinh, au Tranninh, et dans le Nam Kan, près de Luang Prabang, c'est-à-dire à des hauteurs variant entre 80 et 1.000 mètres.

Les Rhynchodia laotiens, le Rhynchodia Capusii et le Rynchodia Pierrei Spire, sont encore des lianes de montagnes, de même que le Rhynchodia fragans Pierre recueilli au Tonkin sur la rivière Noire par Balansa.

Le genre Aganosma représenté en Indo-Chine par les deux espèces Aganosma Harmandiana Pierre et l'Aganosma marginata G. Don, se plairaient et dans les vallées basses et chaudes, et dans les forêts de la chaîne annamitique, à en juger du moins par les habitats où elles ont été signalées et où nous les avons rencontrées, la vallée du Song Ca et du Bas Mékong d'une part, le Pou Khé enfin, qui domine le plateau du Tranninh.

Comme lianes à latex plus ou moins utilisable, habitant les hautes régions du Laos et de l'Annam, citons encore l'Ichnocarpus frutescens. R. Br. de la province du Cammon, le Pottsia cantonensis dont de nombreux représentants fleurissent au Tranninh.

Le Vallaris Heynei Spreng, trouvé par M. PIERRE au Cambodge, se développe également sur les bords du Song Ca.

Des deux espèces d'Ervatamia actuellement connues en Indo-Chine; tandis que la plus ancienne, l'Ervatamia repeuensis Pierre, créée par ce savant sur des échantillons cambodgiens, n'a été rencontrée au cours de notre voyage qu'au Cammon, la deuxième espèce, l'Ervatamia pallida Pierre, se développe dans tout le Laos, au Cammon, au Tranninh, à Luang-Prabang.

Il nous faut citer encore les différentes espèces arborescentes d'Holarrhena qui paraissent avoir leur habitat exclusif dans les forêts peu épaisses des plaines du Cammon.

L'aire géographique des principaux végétaux producteurs de gomme ainsi passée en revue, essayons maintenant de tracer la carte indo-chinoise de notre flore caoutchoutière.

La Cochinchine, avec ses régions basses, marécageuses, propices surtout à la culture du riz, semble être de toutes nos possessions d'Extrême-Orient la moins favorisée au point de vue des lianes à latex.

Malgré les recherches extrêmement laborieuses de M. Pierre, qui a voué son existence à l'étude de la flore forestière de ce pays, les espèces signalées jusqu'à ce jour en Cochinchine, le Chonemorpha Grandieriana Pierre et le Nouettea cochinchinensis par exemple, ne fournissent à l'exploitation qu'un produit très chargé en résines, sans grande valeur. Il nous faut remonter dans le Nord jusqu'à la forêt cambodgienne, pour rencontrer une Apocynée exploitable.

Par l'abondance de ses représentants tant dans la basse vallée du Mékong que dans la forêt du Kampot, par la facilité de son développement et la richesse en caoutchouc de son latex, le Parameria glandulifera forme une des espèces les plus intéressantes que nous possédions dans notre colonie. Une variété de Parameria glandulifera, ou peut-être une espèce différente de Parameria a été signalée à maintes reprises au Cambodge, sous le même nom de var angkot. Les Annamites distingueraient cependant cette espèce sous le nom de Day nam do trong, du Day ché, qui serait le vrai Parameria. M. Le Roy, résident de Kratié, a délimité en 1901, l'aire cambodgienne de ces deux espèces. Auprès d'elles se développent d'autres Apocynées dont l'intérêt est moindre, et dont les produits, actuellement mal connus, ne peuvent, en tout cas, être envisagés comme producteurs de gomme, le Parabarium cambodiensis Pierre, trouvé par M. Pierre dans la province de Kampot; l'Aganonerion polymorphum Pierre, le Bousigonia Mékongensis, l'Ervatamia repeuensis, le Vallaris Heynei Spreng, enfin le Xylinabaria minutiflora également signalé en Cochinchine par M. Pierre.

Tout le versant maritime de la chaîne annamitique constituant la frontière occidentale de la longue bande de rivages qui forme le royaume d'Annam est particulièrement riche en bonnes espèces de lianes à caoutchouc.

Dans le Sud, au Lang Bian et dans les montagnes dominant Nha Trang, explorées par MM. Yersin et Vernet, près des Chonemorpha Grandieriana et de l'Ecdysanthera rosea, plantes sans grande valeur, une bonne espèce, le Parabarium Verneti, est répandue avec la plus extrême profusion.

Entre Hué et Tourane, plus au nord encore, dans le Quang-Tri et le Quang-Binh, l'exploitation du caoutchouc commence à se faire, mais les deux provinces annamitiques où cette industrie est la plus florissante à l'heure actuelle sont sans contredit le Hatinh avec la vallée du Song Ca d'une part, et le Thanh-hoa d'autre part. C'est dans ces régions que nous avons recueilli la plus grande partie de notre herbier d'Apocynées, les Parabarium y sont largement représentés par deux espèces à latex très riche, le Parabarium Spireanum Pierre et le Parabarium Quintareti Pierre. Auprès de rares échantillons de Parameria glandulifera Bentham poussent en abondance et l'Ecdysanthera rosea Hook. et Arn., et le Micrechites Jacqueti, le Chonemorpha Grandieriana, l'Amalocalyx microlobus, etc.

Le Laos, de la vallée du Mékong à la chaîne annamitique à l'Est jusqu'à la rivière Noire au Nord, présente, avec son ossature montagneuse, complètement recouverte par la forêt vierge, une véritable réserve, mal connue encore, à peine exploitée, de lianes abondantes et riches en caoutchouc. On ignore les ressources des pays Moïs, du Haut Donnai, de la Se bang Kan, du plateau des Sédangs. Une tentative d'établissement commercial a été tenté sur le plateau des Bolovens, sans que l'on sache encore exactement quels étaient les végétaux producteurs du caoutchouc, recueilli par les indigènes en quantités considérables.

Il nous faut remonter jusqu'au Cammon et au Cam Keut pour retrouver un centre d'exploitation où l'origine botanique des produits soit fixée à l'heure actuelle. Le latex des Parabarium Spireanum et Quintareti forment la base du caoutchouc, auquel les Phouthengs mêlent les produits moins purs du Parabarium napeense et du Xylinabaria Spirei Pierre. Il nous faut citer encore les plantes à latex résineux comme les différents Melodinus, Melodinus Tournieri, Guignardi, etc., et les latex inférieurs de l'Aganosma Harmandiana et des trois variétés d'Holarrhena.

Le deuxième centre laotien, le Tranninh, et les vallées qui creusent ce vaste plateau présentent, comme nous l'avons vu, un grand nombre d'excellentes espèces de lianes. Les Parabarium Tournieri, latifolium et Verneti constituent les essences dominantes.

Leurs latex sont adultérés avec les sucs plus ou moins résineux des Chonemorpha megacalyx Pierre, Chonemorpha Griffithii Hooker et du Rhynchodia Capusii Pierre.

Ce sont ces lianes que l'on retrouve encore dans la vallée du Nam Khan et du Nam San, dont le caoutchouc est acheté par les commerçants européens et indigènes de Luang Prabang et de Vientiane.

D'après les renseignements recueillis en cours de route, ce seraient encore des Parabarium qui fourniraient le caoutchouc de Muong Sam To et celui qui s'écoulerait sur le Tonkin par le marché de Cho Bô.

On ne sait rien encore des plantes à caoutchouc de la frontière birmane et de la haute zone avoisinant le Yunnam. Ils existeraient cependant et en abondance dans les forêts de Muong Sing, de Muong Phu Kha et de Muong Koua. J'attends les échantillons d'herbier que doit m'adresser un de nos plus anciens colons du Haut Mékong, M. Cordier, qui s'occupe à l'heure actuelle de l'exploitation des tecks de cette région.

C'est encore à M. Pierre que nous devons surtout de connaître les principales espèces de lianes signalées jusqu'ici au Tonkin. En étudiant l'herbier recueilli dans ce pays par Balansa, M. Pierre a signalé la présence de plusieurs Apocynées nouvelles, le Parabarium Candollei, le Micrechites Bailloni recueilli sur le mont Bavi, le Rhynchodia fragrans, trouvé sur la rivière Noire, en aval de Phuong lom.

Nous avons nous-même, dans la forêt du De tham près de Phu lang Thuong, récolté de nombreux échantillons du Melodinus Tournieri Pierre et du Micrechites Jacqueti Pierre. Mais toutes ces espèces ne fournissent qu'un latex inférieur et il semble que c'est à la plante analysée par M. Jumelle, le Xilinabaria Raynaudi, qu'il faut attribuer la place prépondérante, dans la production du caoutchouc tonkinois tout au moins, jusqu'à ce que de nouvelles explorations botaniques nous aient renseignés sur les ressources des forêts du Haut Tonkin.

D'après les renseignements qui me sont adressés depuis mon

retour par les nombreux correspondants que j'ai conservés en Indo-Chine, en particulier par M. Crevost, rédacteur au Service de l'Agriculture, une exploration botanique de ces régions augmenterait singulièrement l'herbier des Apocynées indo-chinoises. M. Crevost insiste particulièrement sur une liane trouvée aux environs de Bac Kan, dont le latex fournirait un caoutchouc de toute première qualité. Il serait également intéressant de posséder les échantillons d'herbier des six lianes tonkinoises trouvées par M. Pouchat sur la route de Mo-trang à Mo-na-luong dans le Yenté. J'espère qu'ils ne tarderont pas à me parvenir.

CONDITIONS DE VÉGÉTATION

Altitude. — Nous avons étudié, en passant en revue les différents habitats des lianes, l'altitude moyenne où elles semblent se complaire ; nous nous contenterons donc, à l'exemple de M. Achard, d'établir la série des principales plantes à caoutchouc, d'après l'altitude de leur aire géographique.

Dans les plaines d'Annam comme dans celles du Cambodge et du Laos, nous trouvons à la base de la série entre 20 et 80 mètres l'Ecdysanthera rosea Hook. et Arn., le Chonemorpha Grandieriana Pierre, le Parameria glandulifera Bentham, enfin le Nouettea cochinchinensis Pierre. Plus haut, à des altitudes pouvant varier de 150 à 800 mètres, se développent les Parabarium Spireanum et Quintareti, le Micrechites Jacqueti, les différentes espèces d'Aganosma et d'Holarrhena. Enfin, au sommet de la chaîne annamitique et sur les hauts plateaux, entre 800 et 1.200 mètres, apparaissent seulement le Parabarium Tournieri, latifolium, Verneti Pierre, le Xylinabaria Spirei Pierre, le Chonemorpha Griffithii Hooker et le Chonemorpha megacalyx Pierre, le Rhynchodia Capusii Pierre, enfin le Pottsia cantonensis.

Climatologie. — Pas de pays plus accidenté que l'Indo-Chine. A ces variations d'altitudes correspondent naturellement des variations climatériques auxquelles les plantes à caoutchouc ont dû s'adapter pour vivre et se développer. Par les nombreux postes d'observations météorologiques établis dans presque toutes les résidences, nous connaissons maintenant les températures et les quantités de pluie que reçoit chaque contrée.

Nous conseillerons donc au lecteur désirant connaître les conditions atmosphériques des principaux centres caoutchoutiers actuels, province de Vinh, du Tranninh, etc, de se reporter aux tables météorologiques publiées mensuellement par le *Bulletin Économique d'Indo-Chine.*

Le colon devra naturellement tenir compte des différences, légères mais constantes, des maxima et des minima enregistrés dans les postes, à l'air libre, et des conditions de la végétation des lianes dans le sous-bois. Là, l'humidité constante, la saturation et l'immobilisation de l'atmosphère diminuent les écarts trop brusques de température.

Exposition. — J'ai pu constater, comme M. Achard l'avait déjà noté, l'influence indéniable de l'exposition sur le nombre et la vigueur des lianes. En effet, sur les coteaux, les pentes, disposées au couchant, sont beaucoup plus riches que celles qui sont orientées vers l'est. Cette constatation est particulièrement facile à faire sur les mamelons boisés, semés çà et là sur le plateau du Tranninh.

Les graines de Parabarium, Xylinabaria, Micrechites, etc., sont toutes munies d'une aigrette, et par cela même transportées par les vents avec la plus grande facilité. Il est donc naturel de retrouver les peuplements de lianes les plus denses sur le passage des principaux courants atmosphériques, dans les défilés, les cols et sur le flanc des vallées profondes.

Sol. — Sur la nature du sol qui semble convenir aux principales lianes à caoutchouc et en particulier aux Parabarium, je serai moins affirmatif que M. Achard.

Si l'on rencontre en effet le plus souvent ces lianes dans des sols argileux, rougeâtres, n'est-ce point parce que le Laos, surtout dans la partie montagneuse, présente le plus souvent un substratum de cette nature ?

Le Mak sang Khua deng, le Parabarium Tournieri, se développe parfaitement entre les roches granitiques fortement chargées de diabase des flancs du Pou Khé ; les Parabarium Quintareti et Spireanum sont excessivement abondants dans le sol très sablonneux de la chaîne, entre Napé et Hatray.

Il faudrait des expériences culturales pour démontrer que ces Parabarium, en particulier les espèces à développer, les Parabarium Tournieri, latifolium, Verneti, Spireanum et Quintareti ne peuvent vivre en terrain calcaire. Sans doute, on n'en rencontre pas sur les massifs cristallins, d'origine dévonienne, qui font saillie çà et là sur les plateaux du Haut Laos, mais aucune végétation forestière ne se développe sur ces massifs pierreux à substratum trop résistant. En revanche, au pied même de ces massifs, dans les vallonnements, partout où la forêt a pu s'implanter, apparaissent les lianes des genres précités. Il serait intéressant, à ce point de vue, de savoir ce que sont devenues les graines de Mak sang Khua deng, plantées dans le jardin de la résidence de Xieng-Kouang. Sur les conseils de M. Pidance, le sol du jardin, trop pauvre en calcaire, avait été chaulé. A mon passage, ces graines avaient germé et les jeunes plantes semblaient grandir avec vigueur.

Au travail de M. Achard j'emprunte les analyses de terre prises au pied de lianes, analyses effectuées à Saïgon par M. Morange, chimiste de la station agronomique :

COMPOSITION PAR KILOG. DE TERRE BRUTE, SÈCHE				OBSERVATIONS
	1	2	3	
Terre fine	84.53	99.00	68.64	1. Terre prise au pied d'un Mak Khao ngoua à Muong Thanh (Tranninh).
Cailloux	15.46	1.00	31.36	
	100.000	100.000	100.000	
Azote	1.680	2.016	1.400	2. Terre prise au pied d'un jeune Mak khao ngoua près de Hua-Muong.
Acide phosphorique	0.517	0.462	0.282	
Potasse	1.710	1.880	1.775	
Chaux	0.364	0.336	0.308	
Terres bien pourvues d'azote et de potasse mais d'une teneur assez faible en acide phosphorique et très pauvre en chaux. La magnésie y est également en très faible proportion.				3. Terre prise au pied d'un Khua mak Khao ngoua.

Quoi qu'il en soit, le substratum lui-même ne joue, à mon avis, qu'un rôle secondaire dans la distribution des lianes. La couche d'humus excessivement épaisse qui couvre le sol de la forêt, l'humidité très forte du sous-bois permettent aux jeunes plantules de se développer sans demander beaucoup de matériaux au sol même. Pour qui a vu pousser dans la forêt congolaise, en particulier dans l'Ogoué, les énormes Landolphiées qui font la richesse de ce pays entièrement sablonneux, le rôle joué par la nature même du terrain disparaît totalement. Les innombrables racines adventives qui se développent autour de la racine pivotante se chargent d'aller puiser dans la couche superficielle les aliments nécessaires à la vie et à la croissance de la plante.

Richesse des peuplements. — Il est également très difficile de se prononcer sur la richesse des peuplements. M. Achard évalue à 250 à l'hectare les groupements les plus riches qu'il a rencontrés, en particulier dans la vallée du Nam-Sam, près de Xieng-Kouang. M. des Michels et M. Numile Maitre, que cite cet auteur, considèrent comme peuplements très denses des réunions de 150 lianes à l'hectare.

Près de Banbo, j'ai moi-même cherché à évaluer cette densité, mais j'ai rarement trouvé plus de cent plantes à latex par hectare. Il est intéressant de signaler, du reste, que les Parabarium semblent ne pas se répartir régulièrement dans la forêt. Autour d'une liane ancienne, dans un périmètre de 50 à 70 mètres, on trouve quantité de lianes filles de toutes dimensions, en particulier beaucoup de jeunes plantules ; puis, souvent, on est forcé de marcher pendant un certain temps pour retrouver un second peuplement formant un groupe aussi compact.

Signalons encore, avant d'en finir avec les conditions de végétation des lianes indo-chinoises, les dates de floraison et de fructification que nous avons été à même de constater. Elles varient considérablement avec l'altitude. Tandis que la floraison a lieu en juin-juillet dans les régions basses, par exemple, la province de Vinh que nous avons parcouru à la fin de la saison des pluies ; au Tranninh, les fleurs n'apparaissent qu'en janvier. La fructification suit, en général, d'assez près la floraison, et il n'est pas rare de recueillir une liane portant des fleurs et présentant également des fruits jeunes, immatures, et quelquefois aussi les coques desséchées des fruits de la saison précédente.

DEUXIÈME PARTIE

ÉTUDE CHIMIQUE ET INDUSTRIELLE
PROCÉDÉS DE RÉCOLTE
ÉTUDE COMMERCIALE

ÉTUDE CHIMIQUE ET INDUSTRIELLE

Avant d'entreprendre l'étude chimique des latex produits par les lianes indo-chinoises étudiées dans les chapitres précédents, je crois nécessaire d'attirer l'attention du lecteur sur un certain nombre de points importants.

Il est hors de doute à l'heure actuelle que le latex d'une même liane varie notablement de composition suivant qu'il est recueilli sur le tronc ou sur les rameaux principaux, sur une liane jeune ou plus ou moins âgée. Son pourcentage en eau et par conséquent sa richesse en caoutchouc différera beaucoup suivant l'humidité plus ou moins grande du sol sur lequel s'est développée cette liane, suivant la sécheresse ou l'abondance des pluies de l'année. Enfin la nature même du latex, liquide de sécrétion et d'excrétion à la fois, sera profondément modifiée si la récolte de ce lait est faite en saison sèche, période de repos et d'hivernage pour la plante, ou en saison des pluies, période de vie végétale intensive sous les tropiques.

Il en résulte que le voyageur qui ne peut au cours d'une mission temporaire que recueillir à une certaine date et sur un échantillon quelconque une faible quantité de caoutchouc ne rapportera pas tous les éléments nécessaires à une étude complète du produit de ces lianes. Il faudrait, pour être définitivement fixé sur ces latex, une série d'expériences qu'il n'est possible d'instituer que dans un laboratoire, installé au milieu d'une plantation des principales espèces d'Apocynées.

Se baser sur le caoutchouc commercial qui nous arrive à Marseille et au Havre sous les noms génériques de Tonkin rouge et de Tonkin noir que nous appliquons sur le marché de Paris à tous les produits indo-chinois, comme expédiés d'Haï-Phong, il n'y faut point songer non plus, tout au moins au point de vue scientifique.

Les grandes maisons d'exploitation ont des comptoirs d'achat dans les principales provinces du Tonkin et du Laos. Elles mélangent indifféremment dans les caisses ou sacs qui nous parviennent, tous les produits de forme et de qualité semblable, sans souci de leurs provenance. Dans la même province, du reste, les acheteurs européens réunissent souvent des lots provenant de la montagne à ceux des vallées, sans s'occuper, naturellement, des lianes productrices.

Il n'est guère possible, non plus, de se fier à la forme commerciale de certains caoutchoucs, lanières, boudins ou galettes, puisqu'il est hors de doute que les indigènes, en présence des groupements de lianes différentes, mélangent sans hésiter les latex de ces végétaux.

Quant à essayer, comme l'a tenté M. Heym, de différencier les producteurs par les débris d'écorces trouvés dans la masse coagulée, il faudrait admettre que chaque sorte provient exclusivement d'une même liane, il faudrait surtout que les caractères botaniques de ces écorces puisse permettre de reconnaître, sinon les espèces, tout au moins les genres d'Apocynées productrices, ce qui malheureusement ne se peut faire.

Enfin, la composition même du caoutchouc, sa teneur en gomme oxydée, sa proportion d'humidité, la perte au lavage en somme, que l'industriel considère tout d'abord dans ses achats varieront avec chaque lot, non pas tant à cause de la nature même des laits coagulés que pour des raisons secondaires : procédés de coagulations, fraudes, dessiccation plus ou moins avancée, transport du caoutchouc dans des cales plus ou moins surchauffées.

En somme, même avec les données empruntées aux différents auteurs, même avec les différentes analyses de latex soigneusement récoltées par mon frère, je crois utile dès le début de cette étude d'insister encore sur la nécessité où nous nous trouvons de continuer dans les laboratoires des jardins d'essais la série d'expériences et d'analyses nécessaires à la parfaite connaissance des lianes indochinoises.

Outre leur intérêt scientifique, ces recherches serviront surtout aux planteurs qui ont intérêt à être exactement renseignés sur la richesse des plantes mises en culture, sur l'âge et les saisons où ils devront pratiquer les saignées ; enfin, sur les meilleures méthodes de coagulation.

Au point de vue purement commercial, vente et industrie, les renseignements n'auront, à mon avis, qu'une utilité fort médiocre.

Le Tonkin, sur la place de Paris où j'ai été un de ses premiers importateurs, n'a été accepté que fort difficilement par les industriels toujours rebelles à l'achat d'espèces nouvelles.

Une grande partie des premiers stocks dut être écoulée sur le marché de Hambourg. A l'heure actuelle, le caoutchouc indo-chinois boules, lanières ou boudins est devenu une sorte connue et estimée à l'égal des autres gommes secondaires de la côte occidentale d'Afrique et de Madagascar.

Comme toutes les gommes provenant de différents producteurs, coagulées par différents procédés, plus ou moins propres ou plus ou moins desséchés, elles ne peuvent constituer une sorte de composition fixe et de valeur absolue comme le Para Prima ou le caoutchouc d'herbes. C'est donc sur des caractères extérieurs, coloration, viscosité, nervosité, qu'il sera jugé et estimé par les acheteurs. Rarement, en effet, l'usinier se livrera à une analyse complète avant de se porter acquéreur d'un lot ; tout au plus par un laminage et un déchiquetage rapide, il essayera de se rendre compte de sa perte au lavage.

Cette gomme, du reste, une fois achetée sera mélangée à d'autres sortes secondaires, américaines ou africaines.

Dans chaque usine c'est à l'ingénieur chimiste à se rendre compte des quantités de chaque sorte qui doivent être combinées pour obtenir un mélange ayant les qualités nécessaires à la fabrication du produit manufacturé demandé au fabricant.

Il est naturellement difficile d'être renseigné sur cette « cuisine » dont chaque chef d'industrie conserve soigneusement le secret. Nous savons cependant que le Tonkin en général se vulcanise d'une façon parfaite et que les objets fabriqués avec cette gomme se conservent suffisamment pendant quelques années.

Le Tonkin d'autre part s'allie fort bien avec le Para, à tel point même qu'il est impossible de démêler par l'analyse la combinaison de ces deux gommes. Le mélange, d'un prix de revient moins élevé que le Para pur, a permis de fabriquer dans des conditions plus avantageuses pour les acheteurs et pour les adjudicataires un certain nombre de pièces manufacturées.

Avant de passer en revue les analyses que nous avons en partie faites nous-mêmes, en partie confiées à M. Lamy qui a bien voulu se charger de l'examen de nos gommes, nous résumerons rapidement les travaux de nos prédécesseurs.

Les premières études analytiques du caoutchouc indo-chinois

furent entreprises par M. Michelin sur des échantillons adressés à ses usines de Clermont-Ferrand par la Direction de l'Agriculture de l'Indo-Chine.

Les deux premiers analyses donnent[1] :

	1	2
Eau	1.06	1.4
Sels	1.30	1.40
Résines	3.40	9.76
Caoutchouc vrai	89.24	87.44

Leurs valeurs en 1899 varient entre 5 fr. 55 et 7 fr. 50 le kilo. En 1900, 4 échantillons de caoutchouc indo-chinois sont de nouveau donnés à l'analyse de M. Michelin.

Ils donnent respectivement[2] :

	1	2	3	4
Eau	0.57	0.54	0.54	0.58
Sels	2.38	0.86	0.72	0.95
Résines	12.93	6.62	6.32	8.18
Caoutchouc vrai	84.12	91.98	92.42	90.29

M. Heym en 1900 fit, sur la demande de l'Office colonial, une étude très intéressante des principales sortes provenant de l'Exposition d'Hanoï. Son travail envisage successivement un certain nombre de caoutchoucs groupés, grosso modo, d'après leur origine géographique exacte ou supposée. Nous résumerons rapidement dans les tableaux suivants la série de ces analyses, en renvoyant au travail de l'auteur pour les coefficients d'élasticité et de ténacité de ces caoutchoucs vulcanisés. Ces coefficients variant considérablement suivant le degré de conservation des caoutchoucs, suivant surtout la teneur en soufre, qu'un industriel peut faire entrer dans des proportions différentes ; nous n'avons pas cru utile d'insister sur les propriétés physiques

1. *Bulletin de la Direction d'Agriculture et du Commerce d'Indo-Chine*, n° 16.
2. *Bulletin office colonial*, 1900.

des gommes récoltées par mon frère au cours de sa mission en Indo-Chine.

	1	2	3	4	8	9	10	11	13	14	5	6
Eau	1.5	1.7	2.1	1.6	18	15.9	4.1	11.0	1.8	2	2.07	1.8
Matières résinoïdes	6.90	6.70	7.50	5.90	4.8	5.8	7.8	9.38	4.8	5.1	1.05	4.9
Matières inertes	4.95	3.96	3.2	2.92	9.04	8.34	4.9	12.50	4.8	6.2	1.73	7.9
Matières solubles dans l'eau	1.35	0.95	0.85	0.60	1.01	2.12	2.31	2.40	1.01	1.3	1.14	1.70
Cendres	0.54	0.49	0.41	0.47	0.48	0.85	0.38	2.28	0.48	0.41	0.32	0.49
Caoutchouc vrai	83.55	84.27	84.64	87.51	33.82	65 09	78.25	58.36	86.62	84.34	93.5	82.78

Les caoutchoucs n° 1, 2, 3 et 4 proviendraient du Haut et Bas Laos, sans indication d'origine précise, les n°s 5 et 6 de Kong (Bas Laos). Le caoutchouc n° 8 est attribué également à ces provinces. M. Heym, se basant sur une similitude d'aspect, donne aux n°s 9, 10 et 11 une origine annamitique ainsi du reste qu'à l'échantillon 13, caoutchouc exporté à Vinh, point d'arrivée, non seulement des caoutchoucs annamites mais encore de tout le caoutchouc laotien. L'échantillon n° 14 est classé sous le nom de caoutchouc du Tonkin, mais Chobo exporte non seulement le caoutchouc de la rivière Noire, mais encore et surtout, celui du Laos septentrional.

Cette série d'analyses, consciencieusement exécutée d'une part par les chimistes de M. Michelin, de l'autre par les ingénieurs de la Société des téléphones, permettait tout au moins de fixer dans leurs grandes lignes la composition des caoutchoucs d'Indo-Chine. Leur pourcentage en matières résinoïdes varie entre 1,05 et 12,93, en sels minéraux entre 0,32 et 2,38, enfin la proportion de caoutchouc vrai oscille entre 58, 36 et 93,5. Nous devons cependant remarquer que la plupart de ces analyses ont été établies sur des échantillons soigneusement recueillis par les Européens.

Il faut admettre en pratique qu'une bonne moitié du stock exporté d'Haï-Phong, presque tout le Tonkin noir en particulier, perd, en général, 40 % au déchiquetage et ne contient guère plus de 55 à 58 % de caoutchouc pur.

PROCÉDÉS D'ANALYSES

Pendant qu'à l'usine de Clermont-Ferrand M. Lamy employait pour l'analyse de nos échantillons de caoutchouc le procédé d'extraction des résines à l'aide de l'acétone dans un appareil à reflux, nous avons suivi dans nos recherches les méthodes suivantes, plus simples et qui ne nécessitent aucun autre appareil qu'une balance de précision.

a) **Dosage de l'eau.** — 1 gramme environ de caoutchouc, provenant de débris empruntés aux différentes parties de la masse, est placé dans un verre de montre taré. Après une première pesée, l'échantillon est laissé, pendant 1 heure environ, dans une étuve à 120°, puis transporté sous une cloche à dessiccation. Au bout de deux heures, on opère par pesées successives jusqu'à l'obtention d'un poids permanent. La différence entre la pesée finale et le poids d'origine donne approximativement la quantité d'eau que contenait le caoutchouc.

b) **Dosage des sels minéraux.** — Les parcelles de caoutchouc débarrassées de leur humidité sont incinérées dans une capsule en platine, le poids du résidu donne environ le poids des matières minérales contenues dans la gomme.

c) **Dosage des matières résinoïdes.** — 25 grammes de caoutchouc sont, après pesée, additionnées d'une quantité d'éther sulfurique suffisante pour les dissoudre complètement. On ajoute ensuite une quantité d'alcool absolu sensiblement égale au volume d'éther employé. Le caoutchouc est précipité. En filtrant, on obtient, d'une part, par la pesée de la matière gommeuse restée sur le filtre, le poids du caoutchouc. D'autre part, en faisant évaporer lentement le mélange d'alcool et d'éther dans un flacon d'Erlenmayer préalablement taré, on obtient approximativement le poids des résines.

C'est par ces méthodes sommaires, mais suffisamment approchées que nous avons complété les recherches industrielles de M. Lamy. Nous allons maintenant étudier successivement le produit des différentes lianes indo-chinoises.

PARABARIUM TOURNIERI Pierre.

Deux échantillons de latex ont été recueillis au Laos, le premier entre Tha-Do et Xieng-Kouang, le deuxième dans les forêts du Cammon près du col d'Hatray.

L'échantillon n° 1 a été obtenu par une incision en biseau pratiquée sur un Mak sang Khua deng de 7 centimètres environ de diamètre, en juin. La coupe faite à 1 m 50 du sol sur cette liane vierge encore détacha un lambeau d'écorce de 20 centimètres de longueur sur 3 à 4 centimètres de large. Le latex apparu aussitôt en nappe fut accueilli par le raclage avec une lame de coupe. La récolte a été complétée par l'arrachement des fibrilles qui s'étaient formées bientôt sur la surface ainsi dénudée. Lait et larmes déjà coagulés furent conservés, sans aucun adjuvant, dans un flacon cacheté. Le coagulat retiré fut émergé dans l'alcool absolu en arrivant à Hanoï.

Le deuxième échantillon fut prélevé en novembre sur une liane de 4 centimètres environ de diamètre, déjà saignée. Les incisions pratiquées en arête de poisson ont permis de recueillir environ 80 grammes de latex, qui furent additionnées, faute d'ammoniaque, avec de l'alcool indigène, du choum-choum, titrant environ 35°. La coagulation s'est faite aussitôt. Elle a donné 30 gr. 50 de caoutchouc.

Dans les deux cas, le latex blanc crémeux avait une saveur amère et une réaction légèrement acide à sa sortie immédiate des incisions.

L'échantillon n° 1 a été remis à M. Lamy, qui nous a adressé les renseignements suivants :

Échantillon du caoutchouc du Parabarium Tournieri :

Forme	boule de la grosseur d'une noix
Odeur	d'alcool.
Couleur	rouge brun.
Élasticité	très grande.
Nervosité	très grande.
Adhésivité	très grande.
Liquide d'interposition	nul.
Perte au lavage	12,56.

Résine...............	4,66.
Substances minérales..	1,22.
Caoutchouc pur.......	81,56.

Observations. — Moisissure à la surface. Gras par endroits : colle aux doigts. Débris de bois et grains de sable.

L'échantillon n° 2, que nous avons analysé nous-même à l'usine Édeline, nous a donné un résultat sensiblement identique :

Eau........	0,52.
Cendres.....	1,05.
Résines.....	4,45.
Caoutchouc..	83,25.

La différence entre ces deux latex appartenant à la même espèce botanique provient-elle de leur nature même ou du mode d'analyse ? Le premier échantillon, conservé pendant un an dans l'alcool absolu, s'était complètement déshydraté, tandis que le n° 2 était resté dans une solution d'alcool faible et de sérum, ce qui explique la différence dans leur teneur en eau. D'autre part, l'extraction des résines par l'appareil à acétone débarrasse beaucoup mieux le caoutchouc de ses matières résinoïdes que le traitement par l'alcool et l'éther auquel nous avons soumis l'échantillon du Cammon.

PARABARIUM LATIFOLIUM

L'échantillon soumis à l'analyse de M. Lamy a été recueilli le 20 juin, sur le sentier reliant Tha-Do à Xieng-Kouang, à environ 30 kilomètres de cette résidence. La liane, déjà incisée, atteignait à 1 mètre du sol un diamètre d'environ 9 à 10 centimètres.

Le latex, légèrement rougeâtre, se coagule trop rapidement à la sortie des incisions pour permettre d'étudier l'effet des différents coagulants. La saveur est insipide. Le papier de tournesol mis au contact des gouttes de latex jaillissant des incisions rougit légèrement.

Les 50 grammes de lait recueillis à grand'peine ont été additionnés aussitôt de 70 grammes d'alcool indigène. Le coagulat, d'un blanc nacré, retiré de son flacon à l'arrivée à Hanoï, a été conservé jusqu'à ce jour dans l'alcool absolu. Ses caractères sont les suivants :

Couleur	blanc intérieurement, jaunâtre à la surface.
Élasticité	très grande.
Nervosité	très grande.
Adhésivité	très grande.
Liquide d'interposition	nul.
Perte au lavage	24,55.
Résines	5,16.
Substances minérales	0,56.
Caoutchouc pur	69,73.

Observations. — Parait très propre et homogène.

PARABARIUM SPIREANUM

Deux échantillons ont été rapportés du Laos. Le premier, conservé dans l'alcool absolu, en quantité très réduite (10 gr. environ de caoutchouc pour 30 gr. de lait), provenait d'incisions faites en mai 1903, à une jeune liane de 10 centimètres de diamètre, fleurissant près de Cahn trap; l'autre, apporté par les collecteurs du R. P. Gugnard, aurait été recueilli sur les lianes dont les échantillons botaniques ont permis de spécifier ce nouveau Parabarium.

Il était constitué par une infinité de petites fibrilles jaunâtres, entrelacées, enroulées en un peloton gros comme le poing. Il fut conservé dans l'alcool de riz. Étant données les différences considérables entre la composition de ce dernier spécimen analysé à Clermont-Ferrand et le coagulat récolté par mon frère lui-même, sur un échantillon bien déterminé, il est probable que les Pou-thays, envoyés à la recherche de ce latex, ont mélangé le lait du Parabarium Spireanum à celui d'espèces voisines.

L'analyse de l'échantillon sec donne, d'après M. Lamy :

Couleur	jaune sale.
Élasticité	bonne.
Nervosité	bonne.
Adhésivité	grande.
Liquide d'interposition	nul.
Perte au lavage	46,72.
Résines	6
Substances minérales	0,87.
Caoutchouc pur	46,41.

Le premier échantillon, conservé dans l'alcool absolu, nous donne, au contraire, d'après notre analyse personnelle, les chiffres suivants, bien supérieurs aux précédents :

Eau	0,08.
Résines	4,25.
Cendres.....	0,70.
Caoutchouc..	87,25.

Composition sensiblement équivalente à celle du lait des Parabarium Tournieri et Quintareti, ce qui confirmerait les renseignements recueillis en cours de route, les dires des Laotiens et Pouthays qui placent le Khua-yang lam mop, le Parabarium Spireanum à la tête des bonnes lianes à gomme.

PARABARIUM QUINTARETI

Échantillon préparé par les miliciens de Cua Rao. Il se présente sous la forme d'une lanière large de 3 centimètres environ, épaisse de 4 à 5 centimètres, analogue à celle préparée par les Pouthays de Banbo, avec le lait de cette même liane.

M. Lamy nous communique les renseignements suivants :

Coloration	brun rougeâtre.
Élasticité	très grande.
Nervosité..........	»
Adhésivité.........	»
Eau d'interposition..	nul.
Perte au lavage.....	9,36.
Résines............	7,6.
Sels minéraux.......	0,82.
Caoutchouc pur......	82,22.

Paraît très propre et bien coagulé. Très bel échantillon. Principales impuretés : débris de bois.

PARABARIUM VERNETI Pierre

Échantillon en plaque, préparé par la méthode indigène, le latex se coagulant trop vite pour être recueilli liquide. Réunion des larmes coagulées sur les incisions, pelotonnement et compression en petits gâteaux de 2 centimètres de hauteur sur 15 à 20 centimètres de largeur.

Latex blanchâtre, à saveur amère, à réaction légèrement acide.

Le caoutchouc adressé à l'usine de Clermont-Ferrand avait été conservé en flacon, sans aucun adjuvant, après dessiccation prolongée à l'air libre :

Coloration..........	jaune et chair.
Odeur.............	terreuse.
Élasticité..........	très grande.
Nervosité..........	»
Adhésivité.........	»
Eau d'interposition..	nul.
Perte au lavage.....	4,16.
Résine.............	7.
Substances minérales.	0.39.
Caoutchouc pur.....	88.45.

Observation. — Ne paraît pas très sale, mais contient néanmoins quelques débris d'écorce et un peu de sable.

PARABARIUM NAPEENSE Pierre

Décrit par M. QUINTARET, sous le nom de Micrechites napeense : « Le latex de cette plante, dit M. QUINTARET, coagulé par l'acide citrique, donne un excellent caoutchouc, brun rougeâtre, très nerveux, qui a été estimé 8 francs le kilo en août 1901. »

ECDYSANTHERA ROSEA A. D. C.

Le latex rapporté en France provient d'une liane de 12 centimètres environ de diamètre, incisée en décembre près de Napé (Cammon). Le lait, d'un blanc jaunâtre, ne sourd que très difficilement de la plante même entaillée d'incisions en biseaux très larges. Il ne donne aucune réaction au papier de tournesol. En mouillant les doigts avec le latex, puis en les écartant doucement on ne voit pas se former les filaments rétractiles que l'on obtient par exemple avec le produit du Para. Du lait recueilli, une partie traitée par la chaleur ne s'est coagulée qu'après l'évaporation totale du sérum ; une seconde partie mélangée à de l'alcool de riz, puis plongée deux mois plus tard dans l'alcool absolu, donne un coagulat de composition suivante :

Coloration...........	gris sale.
Elasticité............	très faible.
Nervosité...........	»
Adhésivité...........	»
Eau d'interposition...	nul
Perte au lavage......	14,21
Résines.............	6,10
Mat. minérales......	0,12
Caoutchouc pur......	79,57

Observations. — Paraît très sale. Echantillon très sec.

Quant à la première partie, le coagulat obtenu par l'évaporation du latex (une bouteille de 120 grammes environ) nous a donné à peine 15 grammes de caoutchouc poisseux, sans nervosité, s'étirant en longs fils blanchâtres et cassants. Par l'extraction des résines à l'alcool et à l'éther, nous avons obtenu une plus forte proportion de matières résinoïdes, les 15 grammes de produit ayant abandonné après évaporation de l'alcool éthéré 2 gr. 25 de matières résineuses blanchâtres.

XYLINABARIA SPIREI Pierre

Le Khua makka Kay serait une des espèces d'Apocynées les plus exploitées au Cammon. Le latex, surtout quand les incisions sont faites aux premières heures du jour, sort facilement et ne se coagule pas sur l'écorce même. Mon frère a rapporté deux litres environ d'un lait blanc rougeâtre encore liquide, grâce à l'addition de 30 °/₀ d'ammoniaque. L'échantillon remis pour l'analyse à M. Lamy avait été obtenu par évaporation de 50 grammes de ce lait dans une capsule en porcelaine Pour arriver à coaguler la totalité du caoutchouc il a fallu pousser l'ébullition jusqu'à l'évaporation totale du sérum. Au fur et à mesure du chauffage, il se formait au-dessus du liquide et sur les bords du récipient de minces pellicules blanches très élastiques et très résistantes. Des quelques grammes envoyés à Clermont, M. Lamy nous a communiqué l'analyse suivante :

Couleur.............	jaunâtre.
Elasticité............	grande.
Nervosité...........	»
Adhésivité..........	»
Eau d'interposition...	22,80
Perte au lavage......	10,88
Résine...............	7,85
Substances minérales.	1,26
Caoutchouc pur......	80,01

Du latex restant, une partie a été abandonnée à l'air dans un grand cristallisoir pour permettre l'évaporation de l'ammoniaque. Sur ce lait, dont la densité était alors de 0,975 et dont les globules mesuraient de 0^{mm} 015 à 0^{mm} 023, une série d'essais de coagulations ont été successivement tentés avec succès, tant avec les solutions acides qu'avec les solutions salines.

120 centimètres cubes de latex ont donné après huit jours d'exposition, à l'air, un petit coagulum de caoutchouc, qui, après dessiccation, pesait 15 grammes. Le sérum restant, porté à l'ébullition, a abandonné encore 20 grammes d'un caoutchouc légèrement bruni par la chaleur.

XYLINABARIA Reynaudi

Le latex et le caoutchouc de cette espèce adressés par M. Reynaud à M. Jumelle a été complètement étudié par ce dernier. Nous empruntons à son livre sur les plantes à caoutchouc les données suivantes :

« M. Reynaud nous a remis une petite quantité de lait que lui-même avait extrait de la liane. Ce lait qui avait été additionné de 20 °/₀ d'ammoniaque était en bon état. Il était blanc, très fluide ; ses globules avaient, en moyenne, de 0^{mm} 020 à 0^{mm} 024 de diamètre. Il contenait 30 °/₀ de caoutchouc et 0,52 °/₀ de cendres. Ces dernières proportions correspondraient donc plus exactement à 37, 5 °/₀ de caoutchouc et 0, 52 °/₀ de cendres, pour un lait normal, non additionné d'ammoniaque.

« La coagulation par l'ébullition a été très lente et même ne s'est produite, en réalité, que par l'évaporation à siccité. Au fur et à mesure que l'eau s'évaporait, des pellicules se formaient à la surface du liquide et sur les parois du vase ; et c'est en recueillant toutes ces pellicules et en les agglomérant que nous avons obtenu le caoutchouc.

« L'acide acétique et le jus de citron ont été sans effet ; 35 centimètres de l'un ou de l'autre n'ont pu coaguler 12 centimètres cubes de latex.

« Seul parmi les quelques coagulants avec lesquels la petite quantité de lait que nous avions à notre disposition nous a permis d'expérimenter, l'alcool a agi rapidement.

« C'est sous la forme de lanières que se trouvait le caoutchouc que nous a remis à plusieurs reprises M. Reynaud.

Sa composition était la suivante :

Humidité..........	4,28 °/₀
Caoutchouc.......	88,80
Résines............	5,02
Substances diverses.	1,93, dont 0,63 de cendres.

Nous avons analysé le coagulat que nous avons nous-même obtenu par ébullition et nous avons trouvé :

Humidité..........	4,50 °/₀
Caoutchouc........	87,35
Résines............	6,23
Substances diverses.	1,92, dont 0,30 de cendres.

On voit que les deux analyses concordent sensiblement, surtout au point de vue de la proportion d'eau et de la teneur peu élevée en résines.

Quant à la valeur du produit, elle est attestée par ce passage d'une lettre que voulaient bien nous écrire en juin 1901 MM. Michelin, à qui nous avons communiqué quelques échantillons : « Le caoutchouc récolté au Tonkin nous paraît être de belle qualité. L'échantillon préparé en lanières tendues sur un fragment de liane pourrait concourir comme emploi et prix avec les plus belles sortes reçues jusqu'ici de la région indo-chinoise. »

MICRECHITES Jacqueti.

Son nom indigène Khua yang thok, caoutchouc se coagulant spontanément, indique déjà la richesse de cette liane. Dans un rapport économique adressé par M. Breugnot au résident de la province du Nge-Tuh, cet excellent observateur signale déjà certaines propriétés du lait du Yang thok.

« L'incision sur la liane pour obtenir le latex doit être un peu profonde, car l'écorce est épaisse et crevassée, surtout au pied du tronc. Cette incision demande, en outre, une ouverture assez considérable, plus grande en tout cas que celle des autres lianes, afin de permettre au sérum épais et peu fluide de sortir facilement des vaisseaux laticifères. La coagulation de ce sérum, comme nous l'avons déjà dit, est presque instantanée ; mais la première couche de caoutchouc arrachée quelquefois avec beaucoup de difficulté à cause de son adhérence avec le bois et l'écorce, on peut constater de nouveau un suintement de latex plus faible, mais qui se coagule encore. L'opération peut même se renouveler deux ou trois fois si la sève est abondante.

D'après les expériences que nous avons faites sur place, en juin 1900, une liane adulte, d'environ 7 à 8 centimètres de diamètre saignée sur une longueur de 12 à 15 mètres, nous a donné près de 300 grammes de caoutchouc à chaque incision fournissant de 1 gramme à 1 gr. 50 environ.

« La gomme obtenue est blanche, assez nerveuse et semble vouloir conserver cette qualité.

« Exposée au soleil, elle brunit légèrement, mais ne présente aucune trace de suintement poisseux. »

La liane qui a fourni l'échantillon analysé par M. Lamy a été saignée en juin, près de Thado. Cette Apocynée ayant déjà été incisée par les Laotiens et ne fournissant que peu de latex sous le coupe-coupe a dû être coupée complètement et les tronçons mis à égoutter au-dessus d'une marmite. Les bourrelets coagulés aux extrémités des tronçons furent ajoutés au latex et la coagulation fut totalement achevée par l'addition d'alcool.

L'analyse faite par M. Lamy nous donne :

Elasticité..................	très grande.
Nervosité.............	grande.
Adhésivité...........	très pauvre.
Liquide d'interposition	34,46.
Perte au lavage.......	2,57.
Résines..............	12,33.
Substances minérales...	0,42.
Caoutchouc pur........	84,68.

Observation. — Caoutchouc paraissant très propre ; a absorbé beaucoup d'alcool.

CHONEMORPHA GRANDIERIANA Pierre

L'échantillon de caoutchouc de cette espèce a été préparé par des miliciens de Cua Rao, envoyés par le chef de poste, M. Gaudel, à la recherche de cette liane dans le huyen du Hoy Nguyen. Le latex, très amer, serait très difficile à obtenir. Pour récolter 15 grammes de caoutchouc, ces miliciens auraient dû inciser 5 lianes. Comme l'échantillon semblait sec, il a été conservé simplement dans un flacon cacheté sans aucun adjuvant liquide.

L'analyse donne :

Couleur.............	noire.
Odeur...............	moisissure.
Élasticité...........	faible.
Nervosité...........	»
Adhésivité...........	»
Liquide d'interposition.	nul.
Perte au lavage.......	0,58
Résines..............	7,10
Cendres.............	1,69
Caoutchouc pur	90,71

Observation. — Caoutchouc excessivement poisseux, tourné complètement au gras. L'analyse communiquée par M. Lamy ne semblant pas correspondre à son observation finale, j'ai soumis la partie de l'échantillon gardé en réserve à une nouvelle recherche par la méthode de détermination des gommes oxydées, le traitement du caoutchouc par l'alcool bouillant à 90° pendant une demi-heure. Le résidu recueilli sur un filtre, lavé à l'eau bouillante et séché ensuite à l'étuve, a perdu 25 % de son poids primitif. En éliminant les 7 % de résines constatées par l'analyse de M. Lamy, la teneur en caoutchouc oxydé de cet échantillon serait donc environ de 18 %.

CHONEMORPHA GRIFFITHII

L'échantillon de caoutchouc fut apporté à Xieng Kouang par les Méos du Pou Khè et conservé dans un flacon cacheté sans addition de liquide.

Les quelques grammes de produit adressés à M. LAMY ont servi à l'analyse suivante :

Couleur.............	noirâtre.
Odeur..............	terreuse.
Elasticité..........	moyenne.
Nervosité...........	»
Adhésivité..........	faible.
Eau d'interposition...	nul.
Perte au lavage.....	0,50.
Résine..............	8,67.
Substances minérales.	0,78.
Caoutchouc vrai......	90,05

Très gras, résinifié, poisseux, moisissure à la surface, pas très sale.

CHONEMORPHA MEGACALYX Pierre

Échantillon de 25 grammes environ, provenant de la coagulation de 100 grammes de latex recueilli à grand'peine sur une liane de 8 centimètres de diamètre, en juin, près de Xieng Kouang.

Le latex blanc rose, de saveur doucereuse, avait une réaction faiblement acide. La coagulation a été obtenue par l'addition d'alcool.

Le caoutchouc présente les caractères et la composition suivante :

Coloration.........	blanc rougeâtre.
Élasticité..........	bonne.
Nervosité.........	»
Adhésivité.........	»
Eau d'interposition.	nul.
Perte au lavage....	23,56.
Résines...........	10,16.
Cendres..........	1,043.
Caoutchouc vrai....	65,44,

Observation. — Caoutchouc poisseux mais propre et homogène.

RHYNCHODIA CAPUSII Pierre

Échantillon obtenu par des incisions en biseau d'une liane de 16 centimètres environ de diamètre, traitée par nous sur le plateau du Tranninh.

Latex blanc, très épais, se coagulant rapidement à sa sortie des incisions. Le produit obtenu par la coagulation à l'alcool donne les caractères suivants :

Couleur............	noire.
Élasticité...........	moyenne.
Nervosité...........	bonne.
Adhésivité..........	forte.
Liquide d'interposition.	nul.
Perte au lavage.......	8,65.
Résines.............	8,73.
Substances minérales..	0,42.
Caoutchouc pur.......	82,20.

Observation. — Légèrement gras ; beaucoup de bois.

MELDINUS TOURNIERI Pierre

M. BREUGNOT, qui a étudié cette liane auprès de Cua Rao, nous donne les renseignements suivants :

Latex très aqueux, légèrement rougeâtre, se coagulant rapidement à la chaleur, avant même que l'évaporation du sérum soit complète. D'après lui, 250 grammes de lait donneraient 80 grammes de caoutchouc, soit 320 grammes au litre. Le produit blanchâtre semble peu nerveux ; il durcit rapidement et devient brun rougeâtre.

Traité par les différents réactifs : alcool, acide tartrique, acide sulfurique, le latex se coagule immédiatement. Coagulé avec les fruits du tamarinier, le caoutchouc prend une teinte noirâtre. Traité par le sulfate de soude, sa coagulation rapide donne une gomme rougeâtre et nerveuse.

Ces renseignements empruntés au travail de M. BREUGNOT n'ont pu être contrôlés. Au mois de novembre, la liane saignée à plusieurs reprises n'a laissé écouler de l'incision que de rares gouttes de latex. C'est seulement en incisant des fruits que mon frère a pu recueillir les quelques grammes de lait analysés à l'usine Edeline. La composition était la suivante :

Eau.................	1, 28
Cendres..............	0, 98
Résines..............	6, 54
Caoutchouc vrai.......	75, 27

VALLARIS HEYNEI Spreng.

Conservé liquide jusqu'en France, grâce à l'adjonction de 20 °/₀ d'ammoniaque, le lait du Vallaris Heynei, du Ngonbe, récolté dans une forêt voisine du poste de Cahn trap, présente les caractères suivants :

Lait blanc jaunâtre, de saveur franchement acide à sa sortie de la liane, à globules mesurant $0^{mm}012$ à $0^{mm}020$.

Après évaporation de l'ammoniaque par exposition à l'air dans un cristallisoir sa densité était de 0,972.

Ce latex soumis à l'action d'une solution à saturation de sel marin ne s'est pas coagulé. L'acide chlorhydrique et l'acide sulfurique en solution à 50 °/₀ sont restés également sans résultat.

L'échantillon soumis à l'analyse de M. Lamy a été obtenu par l'évaporation totale du sérum.

Gris à la surface, rose à l'intérieur :

Élasticité....................	très grande.
Nervosité....................	»
Adhésivité...................	»
Liquide d'interposition........	nul.
Perte au lavage..............	17, 27
Résines.....................	6, 66
Substances minérales..........	1, 57
Caoutchouc pur..............	74, 50

Bien homogène, paraît propre.

Ervatamia pallida Pierre

Quelques grammes seulement, obtenus à grand peine par de nombreuses incisions faites sur deux arbustes en voie de fructification, rencontrés près de Phon thane. 100 grammes de latex environ coagulés par l'alcool ont donné les 10 grammes de caoutchouc adressés à M. Lamy qui nous a communiqué l'analyse suivante :

Couleur.	brun foncé.
Élasticité.	très grande.
Nervosité.	grande
Adhésivité.	très grande
Liquide d'interposition.	nul
Perte au lavage.	3,77
Résine.	7,53
Substances minérales.	1,11
Caoutchouc pur.	87,59

Un certain nombre d'espèces d'Apocynées décrites dans la première partie de ce travail n'ont pu fournir des quantités mêmes insignifiantes nécessaires à l'étude de leur latex, l'Amalocalyx microlobus, dont les échantillons laotiens étaient trop peu développés pour être saignés fructueusement étant donnée surtout la viscosité de leur latex, l'Aganosma Harmandiana, dont le produit est une résine sans valeur. Le Parameria glandulifera dont le seul représentant rencontré à Cua-Rao n'a pas été incisé intentionnellement pour lui permettre de produire des fruits non collectés encore au Laos.

Si nous résumons rapidement les analyses de nos échantillons en une formule moyenne, nous trouvons avec une perte approximative de 12,70 au lavage une proportion de :

Sels minéraux.	0,876 %
Résines.	7,68
Caoutchouc vrai.	80,36

Ces chiffres concordent avec la formule moyenne tirée des analyses de MM. Michelin et Heym :

Sels................	0,78
Résines.............	6,50
Caoutchouc vrai......	81,78

Il est toutefois difficile de conclure de ces résultats obtenus avec des échantillons soigneusement recueillis de tous les produits caoutchoutiers de l'Indo-Chine. Comme nous l'avons déjà dit au début de ce chapitre, les gommes du Tonkin perdent en pratique beaucoup plus au déchiquetage que nos analyses ne semblent l'indiquer.

De cette rapide étude il résulte cependant qu'une bonne partie des lianes indo-chinoises sont succeptibles de fournir un produit excellent. En tête des bonnes espèces, il faudrait placer, semble-t-il, les différentes variétés de Parabarium.

Les Xylinabaria et les Micrechites seraient après les lianes de ce genre les seules espèces à propager.

Quant aux Chonemorpha et Rhynchodia, quoique leur latex contienne une proportion assez forte de caoutchouc pur, la quantité extrêmement réduite de lait qu'elles peuvent fournir sera toujours un obstacle absolu à leur exploitation directe par saignée.

Peut-être quand des études ultérieures auront démontré la possibilité de traiter leurs écorces, le caoutchouc de ces genres pourra, comme celui des Paraméria, entrer en ligne de compte dans la production de notre colonie d'Extrême Orient.

PROCÉDÉS DE RÉCOLTE

Les procédés de récolte du caoutchouc par les Laotiens et les Annamites diffèrent peu de ceux que nous avons vu employer sur la Côte Occidentale d'Afrique tant par les Pahouins de la vallée de l'Ogoué, que par les riverains de la Sangha, du M'Bomou et de l'Oubangui.

Sauf quelques Annamites du Hatinh et du Nghe-an qui exploitent eux-mêmes le versant maritime de la chaîne, ce sont toujours les habitants de la montagne Moïs, Khas, Meos, Phou heuns, etc., qui sont les véritables collecteurs de gomme. L'Annamite, le Chinois, le Laotien ne servent en général que d'intermédiaires entre l'Européen et les montagnards. Ces derniers, familiarisés avec la forêt où et dont ils vivent, connaissent seuls les groupements denses de lianes riches en caoutchouc. Ils redoutent l'approche de l'Européen, aussi leurs villages, misérablement construits, sont-ils, en général, très difficiles à découvrir dans la forêt où ils se cachent ; les sentiers à peine tracés qui y mènent, presque impossibles à escalader. A peine quelques plantations de maïs, de riz de montagne et d'opium, dans les raïs, obtenus par l'incendie d'un coin de forêt abattu, et c'est tout. Les villages se déplacent du reste tous les deux ou trois ans. Il est donc particulièrement difficile de faire pénétrer dans l'esprit de ces peuplades primitives des principes d'exploitation rationnelle. Dans leur migration perpétuelle à travers la zone forestière, ne sont-ils pas sûrs de rencontrer toujours, à proximité de leurs nouvelles installations, d'autres zones forestières riches en lianes qu'ils exploiteront dès que l'abatis et l'incendie de quelques arpents de forêt leur auront assuré la nourriture de l'année ?

Peut-on leur demander, du reste, de changer leur méthode d'exploitation dans les conditions particulièrement pénibles où ils la pratiquent ? Je me reprocherais de ne pas citer la lettre éminemment suggestive d'un ancien résident de l'Annam, M. Coqui, sur la récolte du caoutchouc dans la chaîne par les Annamites du Hatinh.

« Après avoir vu à l'œuvre les collecteurs, on est amené à s'expliquer leur système dévastateur d'exploitation : ils n'ont pas les moyens de faire autrement. Ils ne peuvent pas repérer les lianes pour les saigner sur place et revenir recueillir le lait dans la journée ou le lendemain, car ils seraient obligés d'y aller par groupes ; en ce cas, trois ou quatre hommes ne font que l'équivalent du travail d'un seul, et alors le métier ne paierait plus son ouvrier. D'un autre côté, ils ne peuvent s'aventurer isolément, ils seraient dévorés, ainsi qu'il est arrivé dans les premiers temps de leur exploitation. D'autre part, pour exploiter les lianes par la saignée sur les plantes mêmes, il leur faudrait des sentiers d'accès conduisant ou aboutissant à chaque liane et cela coûterait beaucoup trop cher. Ils en sont donc réduits à faire œuvre de bûcherons. Ils se mettent quinze ou vingt, font du bruit comme cinquante, coupent une liane, l'arrachent de l'arbre qui la supporte, la tronçonnent vivement et l'emportent sur le sentier pour la traiter à loisir, à l'abri de la surprise du tigre et encore mieux des sangsues. Deux heures avant la nuit, ils quittent la forêt pour rentrer chez eux, et tout cela pour gagner une ligature ou 15 cents de piastres par jour. »

Cependant le procédé le plus habituellement employé en Indo-Chine pour la récolte du latex est encore celui des incisions sur la liane laissée en place. C'est à l'heure actuelle le procédé exclusif des indigènes du Tranninh, du Vien-Tiane et d'une partie du Cammon ; le voyageur peut s'en assurer facilement en suivant les sentiers forestiers qui réunissent les postes administratifs de la Colonie.

Quand les Méos ou les Phou-Thays ont rencontré le groupement de lianes qu'ils veulent exploiter, ils commencent par débrousser sommairement les plantes herbacées et les sous-arbrisseaux qui peuvent gêner l'accès de ces lianes. Le matin, de préférence, quand le latex plus aqueux circule mieux dans les vaisseaux de la plante et que la coagulation se fait moins vite qu'à la grande chaleur des midi, ils pratiquent tout le long des lianes une série d'incisions plus ou moins profondes en commençant près du sol et en s'élevant le plus haut possible. Ils grimpent sur la liane même si elle peut supporter leur poids, ou escaladent l'arbre tuteur auquel s'est agrippée la liane elle-même. J'ai examiné très souvent dans les forêts exploitées les lianes qui avaient supporté ce traitement, jamais je n'ai pu distinguer dans les innombrables incisions faites aux plantes une méthode quelconque de saignée. Tantôt les incisions sont très rapprochées, tantôt écartées; parfois, elles n'ont été pratiquées que sur un côté de la liane, le plus souvent aussi elles sont réparties sur sa circonférence totale. Je n'ai que très rarement trouvé une combinaison régulière d'incisions en V ou en arête dorsale de poisson semblable à celles pratiquées sur les essences arborescentes américaines et parfois même sur les grosses lianes par les Africains de la Sangha.

L'Indo-Chinois se sert toujours pour inciser la liane du couteau de brousse, le coupe-coupe, analogue à la machette de la Côte Occidentale, mais beaucoup plus résistant et beaucoup plus affûté. Il est donc très rare que l'écorce seule soit fendue par les coups du collecteur; le plus souvent la zone corticale est dépassée et le système vasculaire de la liane fortement intéressé. L'incision faite, le lait s'écoule sur le tronc même et sur le sol. Il est impossible en effet avec ces incisions multiples, le diamètre réduit et les formes contournées des lianes, de recevoir le lait dans des récipients attachés au-dessous des blessures; les godets à bords tranchants employés par M. Pouchat dans le Yenthé ne peuvent servir dans la pratique courante. Quand le latex coule facilement, le collecteur se contente d'en recueillir la plus grande partie avec des récipients fabriqués extemporanément, cornets de feuilles, tubes de bambou, etc., ou plus généralement sur les feuilles qui jonchent le sol. Quand les incisions ne donnent plus de lait, toute la récolte est réunie soit dans une marmite, soit dans un gros entre-nœud de bambou. Et la coagulation est obtenue, comme nous le verrons plus loin, par la chaleur artificielle. Le long de la liane, sur les blessures même, une grande partie du latex s'est coagulée directement, sous l'influence de l'air et de la chaleur ambiante, et c'est le cas général pour la plupart des bonnes espèces. Ces larmes, ces fibrilles de caoutchouc coagulés ainsi sont arrachés de la liane et enroulés les uns sur les autres en petits écheveaux que la pression de la main suffit pour agglomérer en pelotes plus ou moins résistantes.

La deuxième méthode d'incision est employée presque exclusivement au Cammon, en particulier par les Phou-Thays de Ban-Bo et de Phon-Thane. Elle consiste à détacher par une section tangentielle une large plaque d'écorce. De la surface ainsi dénudée jaillit presque instantanément une multitude de gouttes de lait que le collecteur recueille en passant le doigt sur la liane. Il racle ensuite sa main sur le bord, taillé en biseau d'un tube de bambou de dimension variable, mais en général assez étroit, à en juger par les boudins ou plutôt les lanières exportés par la Société « La Laotienne », établie au Cammon. Avec cette manière d'opérer, il est hors de doute que la liane ne peut être saignée que dans sa partie facilement accessible.

Reste enfin le procédé annamite employé surtout dans la province de Hatinh et sur le versant maritime de la chaîne annamitique par les collecteurs venus de la plaine pour la récolte hâtive du caoutchouc. Un débroussage rapide est encore opéré tout autour de la liane. Un des indigènes grimpe sur l'arbre tuteur pour sectionner avec son coupe-coupe l'extrémité de la liane et la libérer sur toute son étendue des branches qui pourraient arrêter sa chute. Ses associés tirent alors sur la base de la liane pour la faire tomber et l'étendent enfin sur le sol. Si la liane est très longue, elle est divisée en tronçons d'un mètre à un mètre cinquante que l'Annamite incise sur place ou transporte pour la saigner jusqu'à la prochaine clairière ou sur le sentier battu le plus voisin. Les différents tronçons sont alors profondément incisés et tout le latex mis à bouillir dans une grande marmite. La même méthode est employée au Cambodge pour le traitement du Parameria glandulifera, d'après M. Hertrich, résident de Kompong-Cham. Je n'ai jamais vu employer le chauffage pour l'écoulement plus rapide du latex après l'abattage d'une liane. Toutes les publications concernant le caoutchouc parlent de la facilité avec laquelle le lait s'écoulerait de ces vaisseaux quand on chauffe l'extrémité d'un de ces tronçons. J'ai tenté moi-même, une fois, l'expérience avec le Parabarium Tournieri et, comme je m'y attendais, la chaleur en hâtant la coagulation a rapidement arrêté tout écoulement de latex.

Coagulation. — Une seule méthode de coagulation, du moins à ma connaissance, est employée en Indo-Chine, la coagulation par le chauffage direct ou par l'évaporation naturelle à l'air libre. Je n'ai jamais vu employer et jamais entendu parler, tant par les anciens résidents du pays que par les chefs indigènes des principaux centres caoutchoutiers, d'adjonction au lait des lianes d'aucun produit étranger : sel, alun, acides minéraux ou organiques ; sève ou décoction de plantes empruntées à la flore locale.

La méthode de l'enfumage (genre Para), à laquelle M. Capus attribue la coloration foncée des gâteaux de Tranninh, n'est pas employée dans ce pays. La teinte brunâtre et l'odeur spéciale de ces caoutchoucs résultent en partie de l'oxydation des couches superficielles de ce produit mal préparé ou chargé de latex poisseux, et parfois aussi de la coutume des Méos de conserver sur des claies attachées à la toiture de leurs cases, c'est-à-dire sous l'action constante de la fumée, les stocks récoltés par eux et leur famille jusqu'à l'arrivée des acheteurs laotiens ou annamites. M. Duranton, résident de France au Nghe-Tinh, avait préconisé cette dernière méthode de coagulation et pour la faire connaître aux indigènes en avait indiqué les grandes lignes dans une note en annamite qui fut répandue à profusion chez les mandarins. Malheureusement, avec le latex des Parabarium, la coagulation se fait naturellement trop vite. La réunion des 20 à 30 litres de lait nécessaires à la fabrication d'un pain de caoutchouc serait donc trop difficile et trop longue à obtenir pour rendre pratique en Indo-Chine ce procédé, excellent avec le lait de grands arbres à fort rendement comme l'Hevea brasiliensis. Quant au latex très aqueux des Micrechites et Rhynchodia, il ne prendrait que très difficilement après la palette du seringuero.

En somme, les procédés de coagulation actuellement employés sont : 1° l'évaporation naturelle par l'abandon du latex sur les blessures, le tronc ou les feuilles qui jonchent le sol ; 2° la coagulation au feu soit dans des marmites, soit dans des tubes de bambou chauffés directement sur la flamme d'un feu de bois. Les Laotiens distinguent parfaitement ces deux méthodes de coagulation : le Yang-thok, ou caoutchouc coagulé spontanément ; le Yang-lam, ou caoutchouc bouilli.

Dates de récolte. — La véritable saison caoutchoutière en Annam et au Laos commence en octobre et finit en janvier ou février. Les envois des grandes maisons de commerce qui s'occupent de ce produit commencent donc à arriver sur les marchés français vers décembre, pour diminuer en mars-avril et devenir presque nuls en juillet. M. Macey, commissaire du gouvernement à Pak-hin-boum, dans une note publiée au *Bulletin d'agriculture de l'Indo-Chine*, mentionne comme date de saignée des lianes, outre la saison sèche de novembre et décembre, celle de la saison des pluies en juin et juillet. Que pendant la période de 1899 et 1900, quand le caoutchouc atteignait les prix fabuleux de 160 à 180 piastres le picul, les indigènes aient tout abandonné pour se jeter dans la forêt à la recherche du caoutchouc, en toute saison, c'est fort possible, surtout sur les bords du Me-Kong où nombre de commerçants venaient d'installer des comptoirs. Mais, en thèse générale, l'indigène est trop occupé pendant la saison des pluies par les travaux des rizières et les réparations de ses cases, pour aller dans les bois à la conquête du caoutchouc. Le travail y serait du reste extrêmement pénible à cause de l'abondance des moustiques et surtout des sangsues, qui dans les montagnes annamitiques apparaissent dès les premières pluies. La coagulation directe du lait par la chaleur atmosphérique ne serait pas possible, d'autre part, en cette saison, avec les pluies qui viendraient laver les lianes et détremper le sol.

Formes commerciales du caoutchouc indo-chinois. — A ces différents procédés de coagulation correspondent naturellement autant de formes commerciales de caoutchouc.

Le latex coagulé naturellement sur la liane ou sur le sol en petites larmes, en fibrilles, pelotonnées, puis réunies et agglomérées par pression, donne une des formes les plus intéressantes pour le commerce. Sans doute, dans la récolte de ce produit, sur le sol, dans l'arrachement du caoutchouc coagulé sur les blessures, l'indigène ramène, avec la gomme, quelques débris d'écorce et quelques particules de mousse ; mais, comme la coagulation s'est faite par petites masses et que chaque filament est parfaitement sec, le caoutchouc couleur chair, qui résulte du conglomérat, n'a aucune tendance à tourner au gras ; et, comme nous l'avons vu dans l'étude industrielle, il perd fort peu au séchage et au déchiquetage. Une fois aggloméré par pression, il prend cette apparence mamelonnée que M. le docteur Heim a comparé, à juste titre, à la surface externe des masses cérébrales.

Il est apporté dans les comptoirs sous la forme de petites boules plus ou moins grossièrement arrondies, ayant une dimension moyenne de 6 à 8 centimètres de diamètre, présentant, même longtemps encore après la récolte, une coloration chair, sur laquelle tranchent parfois quelques veines un peu plus foncées constituées par des larmes de caoutchouc d'une variété différente. Un examen, même superficiel, permet de retrouver, au fond des anfractuosités, des débris d'écorce, de mousse et quelques particules minérales.

Quelquefois aussi, au lieu de ces petites boules ou petites bobines, les filaments de caoutchouc coagulés spontanément sont agglomérés en larges plaques de 18 à 25 centimètres de diamètre sur 2 à 8 centimètres d'épaisseur. L'aspect extérieur de ces plaques permet de reconnaître tout de suite qu'on n'a pas à faire aux gâteaux obtenus par l'ébullition du latex.

A la méthode de coagulation par ébullition correspondent trois formes de produits commerciaux :

La première et la moins bonne s'obtient par coagulation du latex dans une marmite. Il se forme alors des gâteaux atteignant jusqu'à 25 ou 30 centimètres de diamètre, épais de 6 à 8 centimètres, brunâtres d'abord, mais rapidement noircis sous l'influence atmosphérique. La surface extérieure de ces gâteaux est presque unie ; mais si l'on fait une coupe à travers la masse, on aperçoit un grand nombre de cavités, d'aréoles contenant encore de l'eau.

La deuxième forme, obtenue par coagulation du latex dans des entre-nœuds de bambous ayant un assez fort diamètre (de 6 à 10 centimètres), se présente également sous la forme d'un caoutchouc très dense, à surface unie, à coloration brunâtre, ayant déjà moins de tendance à tourner au gras que le caoutchouc en gâteau épais ; il affecte grossièrement la forme d'un cylindre et est connu par les acheteurs indo-chinois sous le nom de caoutchouc en boudin.

Reste enfin la lanière faite par le même procédé, mais avec des bambous ayant à peine 3 à 4 centimètres de diamètre.

Le caoutchouc aussitôt coagulé est extrait du bambou que l'on fend pour faciliter la sortie du coagulum. Il est ensuite divisé par une section longitudinale, soit avec un couteau, soit avec une lame de bambou, en lanières ayant à peine 3 à 4 millimètres d'épaisseur.

Sous cette forme, le dessèchement du produit est obtenu très rapidement et, par suite, sa tendance à devenir poisseux presque annulée.

A la coupe, ce caoutchouc apparaît sous une couche brunâtre, extrêmement mince, d'une belle coloration chair, sans impuretés et sans vacuoles. Les lanières sont, du reste, parfaitement extensibles, et le caoutchouc particulièrement nerveux.

M. Delineau, directeur de « La Laotienne », avait essayé, pour éviter la détérioration qu'entraîne pour les caoutchoucs poisseux leur passage dans les cales surchauffées des steamers, de faire subir au caoutchouc récolté sur le Song-Ca une dernière préparation avant la mise en sac définitive. Dans de grands hangars préparés à cet effet, dans son dépôt de Benthuy, près de Vinh, étaient installées un certain nombre de claies en bambou superposées. Le caoutchouc, aussitôt arrivé à la Côte, était découpé en lanières et en petits cubes, puis trempés pendant quelques heures dans une barrique d'eau contenant un demi-litre de cresyl, et mis enfin à sécher à l'ombre jusqu'à disparition totale de son humidité.

Plus tard, dans un rapport adressé en février 1900 à l'administrateur résident de Vinh, il préconisait au sujet du caoutchouc en boudin non seulement la division du produit en languettes de 2 centimètres au plus, mais encore une recuite de ce caoutchouc, et son aseptisation par une addition d'ammoniaque ou d'acide citrique. J'ignore totalement si ces procédés ont été employés ; il serait intéressant cependant de savoir ce qu'il pourrait advenir d'un caoutchouc ayant subi de telles manipulations.

Somme toute, pelotes, gâteaux, boudins et lanières, telles sont les quatre formes commerciales sous lesquelles s'exporte, à l'heure actuelle, tout le caoutchouc indo-chinois. Il me faut mentionner cependant la méthode tonkinoise signalée par M. Reynaud, les lanières enroulées et tendues autour d'un fragment de liane. Mais ce procédé doit être exclusivement local, car je n'ai jamais, dans les magasins d'Haïphong ou de Vinh, retrouvé cette forme spéciale assez facile à distinguer au milieu de l'uniformité des arrivages de l'intérieur.

Il est inutile de dire que les pelotes et les lanières transparentes et ne contenant que fort peu d'eau et de matières étrangères constituent le caoutchouc prima. Les boudins et les gâteaux avec leur tendance à tourner au gras ont une cote bien inférieure. Malheureusement, au Tranninh et dans une partie du Hatinh, ce sont les dernières formes qui dominent. Elles exigent naturellement du collecteur un travail bien moindre, elles leur permettent surtout de faire rentrer dans la masse les latex d'ordre inférieur plus ou moins chargés en résines des lianes secondaires. Enfin et surtout, ces gâteaux, maintenus pendant quelques heures sous l'eau avant d'être portés sur la balance de l'acheteur, conservent, grâce à leur porosité, une grande quantité d'humidité qui augmente notablement leur poids, par suite leur valeur marchande immédiate.

Comme l'évacuation du caoutchouc vers la côte ne se fait que très lentement avec les modes de transport actuels, il n'est pas rare, et je l'ai vu particulièrement à Xieng-Kouang pour un assez gros stock du Comptoir français, que les gâteaux deviennent poisseux et s'agglomèrent entre eux sous les hangars et dans les cases où ils sont conservés en attendant les porteurs.

Tels sont, en somme, les procédés d'incision, de coagulation, de récolte employés par les indigènes dans les principaux centres caoutchoutiers de l'Indo-Chine.

Toutes ont le même inconvénient grave pour l'avenir, la destruction certaine des lianes incisées. Les deux premières méthodes ont, en outre, le tort énorme de ne pas tirer de la liane condamnée tout ce qu'elle peut rendre en caoutchouc.

Dans le rapport de M. Achard dont nous avons cité à maintes reprises la belle mission au Laos, l'inspecteur d'agriculture de Cochinchine, après avoir étudié longuement les trois méthodes d'incision que nous venons de signaler, propose le procédé mixte suivant :

« Sur toute la partie du tronc que le collecteur peut atteindre, celui-ci pratiquera des sections tangentielles de l'écorce ; on aura le soin de lui recommander expressément de ne pas endommager le bois, de façon à obtenir une cicatrisation plus prompte et plus parfaite, et aussi de recueillir tous les débris d'écorce détachés par les sections, débris qui contiennent encore du caoutchouc. Puis la liane sera coupée au-dessus du point qu'un indigène peut atteindre, et la partie supérieure, débitée en tronçon, sera livrée à l'usine.

« La liane ainsi traitée poussera des rejets, et pour en extraire le caoutchouc il faudra attendre qu'ils soient arrivés à l'âge d'exploitabilité ; mais, pendant ce temps-là, le tronc de la liane qui n'a pas été abattu continuera à sécréter du latex et pourra être exploité. Ainsi donc, chaque année, la liane donnera au collecteur la quantité de caoutchouc qu'il en retirait auparavant et, de plus, à la fin de la période d'évolution des rejets, on pourra traiter industriellement une certaine quantité d'écorce dont le produit viendra augmenter le rendement de la plante.

« L'âge d'exploitabilité des lianes est, au maximum, de sept ans, suivant les variétés, quand on emploie une méthode de saignée. Mais, les méthodes d'extraction des écorces sont applicables à des plantes plus jeunes, et pour que leur emploi soit possible il suffit que le bois soit aoûté, ce qui a lieu au bout de deux ans. C'est donc quand les rameaux auront atteint cet âge qu'ils seront exploitables industriellement ».

Tout d'abord cette méthode, si tant qu'elle puisse permettre de sauver la liane tout en maintenant son rendement, cette méthode est-elle applicable en Indo-Chine ? Il sera difficile, pour ne pas dire impossible, de faire comprendre à l'indigène que son intérêt est avant tout de ne pas détruire les lianes. M. Duranton rappelle, dans la note aux mandarins que nous avons cité plus haut, l'histoire de la poule aux œufs d'or de notre bon fabuliste. L'Annamite pourrait peut-être se rendre aux sages avis de La Fontaine, mais le Moï, le Méo, le Khas qui sont les vrais chercheurs de caoutchouc, ne verront jamais que le profit immédiat. Leur imposer cette méthode par des mesures administratives, il y faut encore moins songer dans l'état actuel du pays. Quand on augmenterait d'une façon démesurée les cadres des forestiers, jamais on ne pourra établir une surveillance même approximative dans ces vastes massifs montagneux, ces forêts inhabitées que seules de rares missions topographiques ont franchies çà et là.

Et cette méthode elle-même est-elle certaine de sauver les lianes, tout en fournissant du caoutchouc? Je ne le crois pas. Les lianes indochinoises, les plus plus vigoureuses même, sont loin d'atteindre les dimensions que possèdent certaines lianes africaines (Landolphiées en particulier). Quand elles présentent des troncs mesurant 15 à 20 centimètres de diamètre, elles sont déjà remarquables. Il faudrait donc que le coup de machette qui détache le lambeau d'écorce soit appliqué avec un luxe de précautions que l'on n'oserait même pas demander à un botaniste, pour que le système circulatoire de la couche sous-corticale ne soit pas atteinte par le fer. Avec les formes contournées, serpentines qu'affectent ces lianes, le problème se double encore de l'impossibilité de trouver une surface plane que l'incision tangentielle puisse suivre en n'enlevant que l'écorce. Si cette liane, déjà mise en état de moindre résistance par ses blessures multiples, se voit encore décapitée à un mètre cinquante ou deux mètres du sol, et par là même privée de la plus grande partie sinon de la totalité de ses branches feuillues, je serais étonné de les voir résister à deux années d'un traitement semblable. Elles produiraient des rejets, et encore l'expérimentation aurait-elle besoin de confirmer les déductions un peu hypothétiques que M. Achard tire de quelques observations de lianes anciennement exploitées au Laos.

Reste enfin la question du traitement des écorces qui mérite d'attirer toute notre attention. Je laisse de côté, pour le moment, le point à éclaircir encore par des expériences culturales de la possibilité d'extraire du caoutchouc de l'écorce des rejets âgés de deux à trois ans ; mais, même avec des écorces anciennes, peut-on espérer qu'une industrie de cette nature ait des chances de succès en Indo-Chine?

C'est M. Deiss qui, croyons-nous, fit le premier le projet d'introduire à Saïgon le traitement des écorces. Il venait d'échouer à Singapour où son usine, sitôt installée, n'avait pu fonctionner, faute de matière première. Il vint à Saïgon en 1900. Son procédé consistait essentiellement dans la macération, pendant quelques jours, des fragments d'écorce dans l'acide sulfurique à 50° B. La matière ligneuse, une fois désagrégée par l'acide, il est facile, par un passage de la masse pâteuse sous des laminoirs tournant dans l'eau chaude, d'extraire les filaments de caoutchouc qui s'agglomèrent en plaques.

M. Deiss ne put trouver en Cochinchine les capitaux qu'il demandait et la tentative commencée à Choquam (province de Cholon) échoua.

La même année, à l'instigation du Jardin colonial de Nogent-sur-Marne, la Direction de l'Agriculture d'Indo-Chine se mit en demeure de réunir une grande quantité d'écorce de lianes à latex. Comme l'avaient déjà démontré les expériences faites par un ancien administrateur de Brazzaville, M. Gaillard, commissaire du gouvernement à Kong, ces écorces contenaient une forte proportion de caoutchouc, de 5 à 9 °/₀ de leur poids, même les écorces de lianes déjà saignées avant leur envoi en France.

J'ai refait souvent moi-même dans la brousse l'expérience très simple qui consiste à recueillir un fragment d'écorce desséchée sur une vieille liane et à la réduire en poussière dans un mortier après l'avoir pesée. Sous la pression du pilon, les filaments de caoutchouc s'agglomèrent très rapidement pour former, au milieu de la poussière de bois, qui s'envole au moindre souffle, une petite masse de caoutchouc presque pur. C'est en somme le procédé de MM. Arnaud et Verneuil utilisé à Brazzaville. Une série de tamisage et de broyage sous l'eau chaude viennent débarrasser ensuite le caoutchouc de la poussière ligneuse résultant du broiement des écorces.

Dans tous mes essais avec les écorces de Parabarium, en particulier avec les Parabarium Tournieri et Quintareti, avec de l'écorce bien desséchée je n'ai jamais obtenu moins de 5 °/₀ de caoutchouc.

M. Vernet, dans son laboratoire de Nha-Trang, s'est attaché spécialement à l'étude du traitement des écorces du Parabarium Verneti, du Chonemorpha Grandieriana et de l'Ecdysanthera rosea. Des tableaux d'analyse qu'il a publiés dans le *Bulletin économique d'Indo-Chine*, j'extrais les renseignements suivants sur les poids d'écorces et de caoutchouc par rapport à la longueur des lianes examinées.

Un Parabarium Verneti long de 73 m 20 lui a donné 13 kil. 072 d'écorces et 0 kil. 921 de caoutchouc.

Un Ecdysanthera rosea de 122 mètres a fourni 16 kil. 400 d'écorces, contenant 0 kil. 910 de caoutchouc; enfin un Pezisicarpus montana (sp. nov.?) de 113 m 50 avait 6 kil. 150 d'écorces et 0 kil. 493 de caoutchouc sec.

De l'avis du chimiste de Nha-Trang, la teneur en caoutchouc de leur écorce était diminuée : 1° par l'influence des agents atmosphériques qui avaient agi sur le latex pendant le transport et l'emmagasinage des écorces, 2° par la résorption du lait par les cellules des tissus mourants.

Il serait intéressant de voir continuer cette série de recherches qui semblent venir corroborer les résultats que m'avait donnés l'étude de la structure des laticifères dans les lianes indo-chinoises. Le système laticifère des Apocynées est en quelque sorte assimilable au système lymphatique humain, car il a des points de contact direct avec le système vasculaire de la plante, comme j'ai pu le montrer par le passage du latex dans les vaisseaux du bois, et il communique d'autre part avec le liber par des phénomènes osmotiques. Le rôle joué par le latex chez les Apocynées deviendrait donc, comme celui de la lymphe chez l'homme, extrêmement compliqué, et les constatations physiologiques que pourront faire les expérimentateurs permettront peut-être de prouver définitivement ce que nos recherches anatomiques semblent déjà faire prévoir.

Un deuxième résultat des travaux de M. Vernet qui mérite de retenir l'attention des caoutchoutiers consiste dans son procédé d'écorçage par la chaleur : la mortification par l'eau bouillante de la couche sous-corticale. Il est, en effet, excessivement difficile d'arracher les écorces des lianes encore vertes. Le problème de la création de décortiqueuses mécaniques légères, aisément transportables, n'est pas sans avoir causé de grosses difficultés à la Côte Occidentale d'Afrique. A Brazzaville il existe en effet une importante usine traitant l'écorce des caoutchoucs dits d'herbe (Landolphia Thollonni Devevre et Landolphia humilis Schlechter). Mais les ressources mêmes du plateau batéké sur lequel est bâti Brazzaville ne sont pas inépuisables. Le transport des rhizomes entiers collectés dans le haut fleuve est trop onéreux pour qu'on n'ait pas cherché à diminuer le poids brut de ces lianes en ne transportant que l'écorce.

Mais, en employant soit le procédé Deiss, soit le procédé Arnaud et Verneuil, soit toute autre méthode, peut-on tenter une exploitation de ce genre en Indo-Chine ? M. Capus, directeur de l'Agriculture et du Commerce, croit à la réussite d'une pareille entreprise, à la condition que cette usine soit installée à proximité des groupements naturels de lianes d'une part, et de l'autre d'une plantation de lianes devant fournir dans l'avenir la matière première. Il préconise en effet l'abattage de la liane au ras du sol. Les tronçons une fois saignés par des incisions profondes, l'écorce en serait dirigée sur l'usine. Enfin du pied de la liane abattue jailliront de nouveaux rejetons qui, au bout de quelques années, seront également abattus et traités mécaniquement. Le même traitement de fauchage régulier par secteurs dans une plantation bien agencée fournirait plus tard les écorces nécessaires à la production de la fabrique. Des expériences sont faites depuis quelques années à Suai-Giao, dans la plantation du docteur Yersin ; un nouveau champ d'expériences vient d'être créé au Tonkin, à Thanh-ha. Il y a donc tout lieu d'espérer que nous serons bientôt fixés sur les points suivants :

1° Le temps qu'il faut à une liane provenant de boutures ou de rejets, pour être recouverte d'une écorce exploitable ;

2° A quel âge une écorce de liane contient du caoutchouc et non plus seulement de la viscine (expériences de Parkin) ;

3° Quel sera le rendement en écorces et en caoutchouc d'une plantation de Parabarium ou de Parameria.

A l'heure actuelle, il est en effet encore impossible de donner des renseignements précis sur la culture de plantes que bien peu ont pratiquée.

En dehors des essais du Dr Yersin, je ne vois à signaler que l'intéressante entreprise de M. Arnavon et du baron Pérignon, qui, sur les conseils de M. Vernet, avaient commencé, dans les environs de Dalat, au Lang-Bian, une plantation de Parabarium Verneti, Pierre. Qu'est-il advenu de leur tentative ? Je ne le sais. L'article de M. Vernet sur les lianes de l'Annam, paru en novembre 1904, ne parle pas des résultats obtenus par ces colons.

J'ai visité, lors de mon passage à Cua Rao, la petite pépinière de lianes que M. Breugnot avait créée près de ce poste. L'emplacement choisi semblait excellent. Un coin de forêt dominant le Mam non, forêt vierge où M. Breugnot dut seulement faire abattre quelques sous-arbrisseaux pour trouver, à l'abri des grands arbres conservés, la couche d'humus nécessaire au développement de ces plantules. Une centaine de graines de Parabarium Spireanum Pierre, Parabarium Quintareti Pierre, et Melodinus Tournieri Pierre avaient été plantées en 1898. La plupart avait germé normalement ; mais, d'après les notes conservées dans les archives du poste, les jeunes plantes avaient presque toutes disparu à la saison des pluies. En 1901, il ne restait en vie qu'une vingtaine de Melodinus très mal développés. On ne pouvait accuser ni l'altitude, ni la nature du terrain, puisque, dans la forêt immédiatement contiguë, abondent d'anciennes lianes très vigoureuses : Parameria glandulifera, Vallaris Heynei, etc. ; pas de Parabarium il est vrai. Une crue anormale, une inondation serait, d'après M. Breugnot, la cause de cet échec. Mais la pépinière est cependant sur la butte la plus saillante de cette rive, et pourquoi les plantules ayant souffert en 1899 ne se sont-elles pas développées normalement dans la suite ? Pour notre part, nous sommes encore convaincu que la disparition, la mort des jeunes lianes est due à l'intensité de l'ombre qui couvrait continuellement l'emplacement mis en culture. A aucun moment le soleil ne peut percer l'épais feuillage qui domine les pépinières. A quelques cents mètres en effet de ce jardin, dans son potager, le R. P. Guignard voyait se développer très rapidement quelques graines de Melodinus Tournieri de même provenance, graines semées à la même époque, sous un abri très léger.

A ces seuls renseignements se bornent toutes les connaissances culturales que l'on peut tirer des rares expériences tentées jusqu'à ce jour avec les lianes autochtones. Force nous sera donc de déduire, comme l'a fait M. Achard, des conditions végétatives étudiées précédemment, des conclusions plus ou moins approximatives sur les méthodes de culture à tenter en Indo-Chine.

Méthodes de culture. — Disons, tout d'abord, que nous ne conseillerions nullement, à l'heure actuelle, à aucun colon français de se livrer à cette unique culture. Si des essais privés peuvent être raisonnablement tentés, avant que les jardins gouvernementaux aient donné des preuves de réussite et de bon rendement, ce ne peut être que par d'anciens colons, ayant dans leurs concessions de rizières ou dans leurs plantations de café ou de thé une main-d'œuvre inutilisée par moments. Il appartient à l'Administration de prouver la possibilité de ces plantations. Seule, elle peut obtenir que des lianes soient plantées par les chefs indigènes, autour de leurs villages, les encourager, comme M. Chevalier l'avait proposé au Soudan pour la conservation du Landolphia Heudelotii, à multiplier les lianes en leur accordant des primes ou des exemptions d'impôt. L'Annamite et le Laotien sont doux et intelligents ; il sera facile, en leur fournissant des graines ou des boutures d'espèces intéressantes, de réussir à leur faire soigner des lianes qui, le moment venu, pourront servir de base à des plantations plus importantes.

Sur le choix des espèces que le gouvernement ou les colons auront intérêt à multiplier, nous conseillerons, sans hésiter, les cinq espèces de Parabarium qui fournissent à l'heure actuelle presque tout le caoutchouc de l'Annam et du Laos, ce sont les Parabarium Tournieri, latifolium et Verneti pour les hautes régions, les Parabarium Quintareti et Spirearum pour les versants d'altitude moyenne, enfin dans les vallées le Parameria glandulifera et le Xylinabaria Raynaudi, qui semblent préférer la plaine.

Le plus simple, sera du reste, de se borner aux espèces précitées existant déjà dans la concession, ou près du champ d'essai, puisque, outre l'avantage de ne pas risquer de mécomptes, le colon aura ainsi la possibilité de trouver à portée de ses pépinières les graines, les jeunes plantules et les boutures dont il aura besoin. La plantation devra, cela s'entend, être installée dans une région forestière et riche en lianes vigoureuses ; ce sera le plus sûr garant que la nature du terrain et les conditions climatologiques nécessaires au développement de ces Apocynées sont réunies sur cet emplacement.

Je crois qu'il faut écarter de suite tout projet de plantation dans un terrain non boisé, même si les conditions de salubrité du pays et les facilités d'accès et d'exploration devaient procurer aux colons certains avantages qu'ils ne peuvent trouver dans la montagne. Le travail considérable que nécessiteraient et la mise en place des lianes et la plantation des espèces arborescentes qui devront ombrager et soutenir les lianes demanderait des capitaux trop considérables pour être laissés improductifs pendant quelques années. Aménager quelques hectares de forêt en supprimant toute la végétation herbacée, et les sous-arbrisseaux, peu abondants du reste dans les bois de la chaîne annamitique, ne demanderait qu'une main-d'œuvre assez réduite et par cela même peu onéreuse. Les vieilles lianes devraient être soigneusement conservées. Tout autour, il est probable que les indigènes auront vite fait de découvrir un grand nombre de jeunes pieds sauvages qui ont germé spontanément, et qui constitueront d'excellentes plantules prêtes au repiquage. Il n'est pas rare, non plus, que du pied même d'une liane partent plusieurs rejets qui étendus et fixés au sol pendant quelques semaines se couvriront de racines à tous leurs points de contact avec la terre ; on aura donc très facilement une série de marcottes.

J'ai essayé dans le Cammon le procédé javanais des « tjankokans » que j'avais appris à connaître et à pratiquer au Jardin d'Essais de Tjikeumevh. Une grosse branche est légèrement écorcée sur un anneau de 3 à 4 centimètres de longueur. Une boule de glaise est appliquée tout autour de cet anneau, maintenue après la branche par un morceau de toile à sac, ou de toile à moustiquaire. Au bout de quelques jours, la branche émet de fines radicelles qui pénètrent dans la terre. Il n'y a plus qu'à sectionner la branche au-dessous de ce point pour avoir une excellente marcotte. Avec le Parabarium Quintareti en particulier, ce procédé donne de très bons résultats.

Pour les boutures, que recommandent M. des Michels et M. Achard, la grosseur d'un crayon que préconise ce dernier auteur est sans doute excellente pour celles que l'on peut repiquer aussitôt en pépinière. Je crois cependant qu'il serait préférable d'employer dans une plantation le procédé des boutures « à l'étouffée », la méthode des châssis vitrés et chauffés, que l'on doit, je crois, à M. Rivière, directeur du jardin botanique d'Alger. Elle permet de multiplier à l'infini les boutures, puisqu'une branche extrêmement petite, portant de deux à quatre feuilles a toute chance de reprendre.

La serre de M. Rivière, que j'ai vu fonctionner à Buitenzorg, consiste essentiellement en un bâtis de brique que l'on peut chauffer par des ouvertures pratiquées à la partie inférieure. Sur cette sorte de four sont installés des châssis vitrés remplis de poudre de charbon ou de sable, maintenue constamment humide par des arrosages biquotidiens avec une pomme d'arrosoir à trous excessivement fins.

Les boutures ainsi élevées dans une atmosphère chaude et saturée d'humidité n'ont point à lutter contre l'évaporation et la sécheresse qui, à l'air libre, mortifieraient leur tissus. Elles émettent donc rapidement des racines. Il est probable qu'avec les Parabarium ou le Parameria, des boutures coupées immédiatement au-dessous d'un nœud, si fragiles fussent-elles, auront repris au bout de cinq à six semaines. Après quelques jours d'ouvertures graduées des châssis pour les habituer à l'air, elles pourraient être mises en place.

En tout cas, si le planteur ne veut pas employer ce procédé et tente la mise en terre directe, je lui conseillerais une très grande hâte entre l'incision de la branche et sa mise en place.

A Xieng-Kouang, où les indigènes à l'instigation de l'Administrateur et du Tio Muong, apportaient chaque jour de grandes brassées de Parabarium Tournieri et latifolium, pour ne pas perdre les branches que je ne desséchais pas pour mes herbiers, j'ai, à plusieurs reprises, repiqué un grand nombre de boutures de ces lianes. En général, il n'y avait que quelques heures qu'elles avaient été coupées, et les feuilles vertes, les fleurs intactes prouvaient leur vitalité. Malgré tout cela, le pourcentage des reprises a été presque nul, et cependant toutes les précautions étaient prises, puisque ce travail était fait sous la surveillance d'un agronome, M. Pidance, et que, d'autre part, le jardin du Commissariat, parfaitement fumé et arrosé, constituait un terrain de choix.

M. Achard n'a pas été plus heureux que moi, du reste, avec le Khua mak Khao ngoua. Quant aux boutures de Khua nhut nai qu'il a vu au jardin du Résident de Pak-hin-boum, et qui, trois mois après leur mise en place, donnaient des rejets de près d'un mètre de longueur, sait-on de combien de boutures transplantées ils étaient les seuls représentants ?

Il est probable, du reste, que toutes les lianes ne se comportent pas de même, et que les boutures du Parameria glandulifera en particulier reprennent plus facilement que celles du Parabarium. Les jardins d'essais nous fixeront sur ce point.

Outre ces trois procédés : transplantation, marcottage et bouturage, le colon pourra encore employer la méthode des semis. Les fruits des lianes indo-chinoises sont, en général, très riches en graines. Un colon obtiendra, d'autre part, des indigènes, l'apport d'un grand nombre de fruits de Parabarium. Quelle est la durée des facultés germinatives de ces graines ? On n'est pas fixé, je crois, sur ce point. J'ai semé, sans résultat, à Xieng-Kouang des graines de Parabarium Tournieri que j'avais trouvées dans le poste, et qui, parfaitement saines, semblaient devoir réussir. Les follicules desséchés qui les contenaient encore avaient été cueillis trois mois environ auparavant.

M. ACHARD a été plus heureux que moi dans le même poste avec des graines de Khua mak dei Kay, c'est-à-dire probablement de Parabarium linocarpum Pierre.

Ces graines furent semées le 16 mai, mais ne commencèrent à germer que vers la fin de mai.

D'après les observations de M. ACHARD, les semences ne doivent être recouvertes que d'une faible couche de terreau de 0 m 002 à 0 m 003 d'épaisseur pour maintenir la graine en place et ne pas gêner la pousse de la radicule, quand la plantule se développera. Un ombrage relativement épais serait aussi à conseiller, pour abriter les jeunes plantes très sensibles aux rayons du soleil.

C'est, en effet, à leur exposition fâcheuse qu'il me semble falloir attribuer la faiblesse des quelques Parabarium issus de graines dans un des coins du jardin du Commissariat de Xieng-Kouang. A mon arrivée dans ce poste, en juin, une centaine de graines étaient en voie de germination et l'on apercevait déjà les tigelles et les deux premières feuilles. En août, sur mon départ, presque toutes avaient disparu, et les quelques plantules encore en vie semblaient prêtes à succomber également.

A défaut d'observations personnelles sur les semis de lianes indochinoises, je me contenterai de rappeler les méthodes employées à Java pour la culture des Villughbeia, Landolphia et Urceola.

Pour les semis, le plus grand soin est apporté à la confection de la couche qui doit recevoir les graines. Le mieux et le plus facile dans une plantation forestière est de se faire apporter une certaine quantité d'humus : terreau noir, débris de feuilles, etc., qu'un indigène peut ramasser rapidement en grattant simplement la couche superficielle du sol. Cette terre doit être tamisée pour en éliminer tous les petits cailloux, les larves, etc. Le tas étant préparé, remuer cette terre pour l'aérer, l'étendre ensuite sans ajouter d'engrais, en couches d'un pied d'épaisseur, pour que l'humidité du sol ne puisse atteindre en aucun cas la plantule en voie de développement. Il sera bon, si les pluies sont encore à craindre, de creuser un fossé tout autour de la couche pour favoriser l'écoulement de l'eau.

Le semis sera mis à l'abri du soleil et de la pluie par une petite construction quelconque : une toiture de feuilles par exemple sur un clayonnage de bambous, une toiture plus sérieuse même dans une plantation de grande importance.

Sélectionner à ce moment les graines, qu'on retirera seulement des fruits qu'on aura laissé sécher pendant cinq à six jours sous un hangar. Écarter toutes celles qui paraissent avoir été attaquées par les insectes. Les semer alors, après avoir humecté la terre, sans les enfoncer profondément.

Le semis devra rester pendant huit jours environ sans arrosage. Pendant cette semaine, comme du reste pendant les trois mois qui suivent, le planteur devra chaque jour visiter soigneusement ses couches, éliminer les herbes, détruire les insectes, etc.

Au bout de huit jours, si l'on s'aperçoit que la terre est un peu sèche, on pourra arroser la plate-bande, mais avec beaucoup de précaution. Dans la suite les arrosages se feront plus fréquemment, mais toujours avec une pomme d'arrosoir excessivement fine.

Si les graines sont bonnes, cinq semaines environ après le semis, les plantes doivent apparaître. Le délai peut être de deux mois. Après cette date, il est fort probable que les graines non levées sont de mauvaise qualité. C'est dans les derniers jours que le colon devra redoubler de précaution, car les insectes recherchent avidement les jeunes feuilles, très tendres.

Enfin, quand les plantules auront atteint quatre à cinq centimètres environ de hauteur et qu'elles posséderont quatre feuilles assez fortes, on pourra les transplanter dans une pépinière.

La terre de cette pépinière devra être de fort bonne qualité, sans cependant nécessiter le triage de la terre du semis. Il sera utile de la travailler pendant quelques jours, de l'exposer au soleil pour l'aérer, de la piocher trois ou quatre fois.

On confectionnera alors une série de plates-bandes, hautes de trente centimètres environ, autant que possible sur un terrain en pente pour favoriser l'écoulement de l'eau de pluie. Ces pépinières seront protégées contre le soleil et la pluie directe par un abri bâti extemporairement. Comme cette transplantation doit se faire en saison sèche, une couche de feuille suffira, en général, pour protéger les jeunes plantes. Les plantes étant orientées Nord-Sud, une bonne précaution est de laisser la toiture de l'abri du côté E. S.-E. descendre beaucoup moins bas que du côté O. : les plantes pourront ainsi profiter du soleil du matin de six à neuf heures, qui ne pourra que leur être utile. Les plantes, soigneusement enlevées à la main, hors du premier semis, seront alors transportées dans cette pépinière, où l'on aura encore, au préalable, creusé, en enfonçant un morceau de bois une série de petits trous, distants de 15 à 20 centimètres. La plantule mise en place, on serrera la terre tout autour de la radicelle en laissant tomber un peu d'eau.

Les plantules resteront dans cette pépinière pendant toute la saison sèche, soit quatre à cinq mois. Les soins à leur donner consisteront surtout dans l'entretien de la propreté : arrachage des mauvaises herbes, destruction des insectes, arrosage tous les deux jours, donner un peu d'engrais aux plantules dont le développement laisse à désirer en creusant un sillon circulaire de deux centimètres de profondeur tout autour du pied et en y déposant de l'excellent terreau de forêt ou des engrais chimiques. Quand la saison des pluies sera bien établie, c'est le moment de la mise en place. Les pépinières seront alors bêchées avec précaution, et chaque plante enlevée à la main, en conservant autant que possible la masse de terre adhérente aux radicelles. On les transportera jusqu'à leur place définitive dans des paniers de bambous. Des trous larges et profonds de 0 m 50 auront été préparés auparavant. Il faudra déposer la plantule en ayant soin de ne pas léser la racine pivotante, et remplir la cavité avec le terreau de la couche superficielle du sol qui l'environne, buter enfin la plante. Au bout de quelques jours, la liane doit avoir repris et poussé de nouvelles feuilles. Dès qu'elle aura atteinte 1 m 50, il sera préférable de la coucher un peu, comme on le fait pour les vignes. La plante prendra ainsi du « talon » en envoyant dans le sol de nouvelles racines, et repartira avec plus de vigueur vers l'arbre tuteur qui lui est destiné.

L'entretien de la plantation se bornera pendant la première année à un débroussage sommaire pour empêcher les jeunes lianes d'être étouffées ou tout au moins de souffrir du voisinage des plantes herbacées qui pousseront volontiers sur ce sol fertile et travaillé. Après ce temps, la liane aura assez de vigueur pour ne plus avoir rien à craindre dans sa lutte pour l'existence contre les plantes voisines.

Comment doit être aménagée la forêt où seront transplantées ces marcottes et les plantes provenant des semis ? M. Achard préconise « une plantation de 300 pieds par hectare ; on tracera, dit-il, des « sentiers à 5 m 75 les uns des autres, on fera un débroussaillement léger sur un mètre de longueur, et au point de concours de « deux sentiers, le débroussaillement et le nettoiement du sol devront « être faits soigneusement sur 1 mètre de surface. »

Je crains bien qu'il ne soit pas possible dans une forêt plantée naturellement d'établir ainsi une série de sentiers régulièrement espacés de 5 m. 75. Des arbres formidables viendront obstruer à chaque pas les routes régulières ; d'anciennes lianes qu'on ne peut songer à détruire pour l'harmonie de la plantation se trouveront placées loin des intersections des sentiers.

Si l'on ne veut se lancer dans des travaux de débroussement considérables, mieux vaut ne pas chercher la régularité trop absolue ; supprimer seulement les sous-arbrisseaux pour ne plus laisser subsister que les grandes essences arborescentes autour desquelles il sera possible de circuler toujours facilement. Il serait utile même, si la forêt est trop dense, et la couche de feuillage trop épaisse, de décapiter quelques arbres pour laisser pénétrer un peu de soleil dans le sous-bois. Les indigènes de montagnes qui pratiquent la culture du riz dans les abatis fourniront, pour ce premier travail, une main-d'œuvre excellente. L'ombre trop épaisse est funeste, croyons-nous, aux jeunes lianes. A Tjikeumeuh les lianes s'enroulent autour de Kapoks (Eriodendron anfractuosum) qui n'ont qu'un feuillage très rare, ou autour d'Eucalyptus hauts de 25 à 30 mètres, c'est-à-dire ne donnant qu'une ombre excessivement courte aux lianes collées à leurs troncs. Enfin, dans la seule plantation javanaise où l'on ait essayé la culture des Willughbeia, à Soebang, n'ont survécu et n'ont poussé avec vigueur que les plantes repiquées près de la lisière du bois, c'est-à-dire à la lumière.

N'oublions pas non plus que le but principal d'une plantation de lianes serait de fournir la matière première nécessaire à la production d'une usine traitant les écorces. C'est donc la forme buissonnante, et non la liane poussant en hauteur vers le faîte de la forêt, que le planteur devra rechercher.

Cette forme buissonnante, les lianes, non abritées ou peu abritées de Tjikeumeuk, l'ont prise au bout de quelques années. Dans le jardin botanique de Buitenzorg, où l'ancienne section des lianes a dû, pour des raisons de construction de bâtiments, être déplacées, on s'est contenté de transplanter des boutures, laissant les anciennes lianes pousser sans tuteur et sans abri. En 1900, elles formaient de vastes buissons presque inextricables.

M. Godefroy-Lebœuf, dans sa brochure sur l'exploitation des écorces des Landolphiées, dit de ces dernières :

« Les Landolphiées sont des lianes vigoureuses qui s'élancent dans les airs aussitôt qu'elles rencontrent le soutien qui leur est nécessaire pour grimper, mais qui, cultivées dans un endroit découvert, émettent des rameaux qui s'enchevêtrent, les plus vigoureux servant d'appui aux plus faibles, formant d'énormes masses de branches et de feuillage.

Elles se rencontrent du reste sous cette forme à l'état spontané, et les indigènes qui les exploitent ont reconnu que si leur latex est moins abondant que chez les plantes abritées, en revanche il est beaucoup plus riche.

Plus loin, M. Godefroy-Lebœuf prétend que l'écorce des plantes cultivées au soleil se forme plus rapidement que sur les lianes poussant à l'ombre de la forêt.

Selon lui également, on pourrait commencer à recéper les lianes à la fin de la quatrième année.

Il serait donc très intéressant pour les colons, avant tout essai sérieux, d'être fixé sur la méthode qui fournira le rendement d'écorces le plus important : la culture sous forêt épaisse, ou la culture à peine ombragée. La Direction de l'Agriculture nous renseignera bientôt sur ce point.

Outre les plantations de lianes faites dans ces jardins d'essai, l'Administration a tenté depuis une vingtaine d'années l'introduction et la multiplication dans la colonie d'un certain nombre d'espèces caoutchoutifères arborescentes.

J'emprunte aux rapports très documentés de MM. Capus et Achard l'histoire de ces tentatives restées malheureusement jusqu'ici sans résultats pratiques.

Espèces caoutchoutifères introduites. — C'est en 1891 que M. Seligmann, au retour de la mission que le Secrétariat des Postes et Télégraphes lui avait confiée dans la presqu'île Malaise, rapporta en Indo-Chine les premiers plants d'Hevea brasiliensis. Ils disparurent peu de temps après, sans qu'on ait conservé sur eux aucun renseignement.

Il nous faut arriver ensuite en 1895, pour enregistrer la tentative intéressante du Dr Yersin. A cette date, il plante dans sa concession de Suoi-Giao 400 Heveas. Ces plantules sont disposées en quinconce, à 5 mètres l'une de l'autre. M. Capus, en 1897, retrouve ces Heveas en parfait état, ayant une hauteur moyenne de 3 mètres à 3 m 50. Il dirige alors sur Suoi-Giao 6.000 graines d'Heveas reçues de Colombo par l'intermédiaire de notre agent consulaire. 4.000 de ces graines germent parfaitement et donnent au bout d'un an des

Heveas d'un mètre de hauteur. Depuis, aucun renseignement n'a été publié dans le *Bulletin de l'Indo-Chine* jusqu'au travail de M. Vernet publié dans le n° d'août 1905[1]. De l'étude culturale du chimiste de Nha trang, ressort nettement la possibilité de développer pratiquement la culture des Heveas dans les régions sud de l'Annam.

1. Nous empruntons à l'excellent travail de M. Vernet sur la culture des Heveas à Suoï Giao les conclusions suivantes :

Choix du climat, du sol, de la localité, etc. — Quoique l'*Hevea brasiliensis* se contente, pour végéter, de situations assez variables, nous ne pensons pas qu'il soit bon, et l'expérience le prouve, de s'écarter par trop du climat de son pays d'origine : ne pas dépasser le 15e de latitude, rester dans une région à température assez égale sans saison sèche trop longue, la répartition des pluies dans l'année étant la plus égale possible. Plus nous nous rapprocherons de l'Équateur, plus complètement nous verrons ces conditions se réaliser.

Dans le choix d'une concession, on se préoccupera de la profondeur de la nappe d'eau souterraine ; on s'en rendra facilement compte par l'examen du niveau de l'eau dans les puits ou dans les rivières ; en saison sèche les limites extrêmes pourront varier de 3 à 8 mètres. Sans se soucier d'une inondation de quelques jours, consécutive à un fort orage, il importera surtout de ne pas avoir d'eau stagnante. C'est dire que ce sont les grandes vallées qui sont le lieu de prédilection de l'Hevea.

Comme terrains, les sols argilos-sablonneux recouverts d'une forte couche d'humus semblent le mieux convenir à cette culture.

Sélection. — Bien des auteurs ont signalé dans l'*H. brasiliensis* — comme dans tous les arbres à caoutchouc — des différences considérables de rendement d'un sujet à l'autre. Nous ne saurions trop insister sur ce point pour engager les planteurs à récolter leur graines sur les individus donnant les meilleurs résultats à la saignée.

Mise en place. — En Annam, la maturité des graines coïncide avec la saison des pluies, c'est-à-dire avec la meilleure saison pour la mise en place. Si les semences sont préalablement mises en pépinière, nous ne pourrons transplanter, l'année suivante, que des heveas de un an, d'un âge trop avancé pour qu'ils puissent, sans souffrir, supporter le repiquage. Il vaut mieux mettre les graines commençant à germer directement à la place que l'arbre doit occuper plus tard.

Nous conseillons, lors de l'établissement d'une plantation, d'attacher un grand soin à la régularité du piquetage. Le meilleur écartement à donner aux plants n'est pas parfaitement fixé d'une façon expérimentale. Cependant on peut, sans crainte de grande erreur, s'en tenir aux deux dispositions suivantes :

1° En quinconce à 5 mètres sur les lignes avec 4 m. 35 entre les lignes donnant une densité de 418 arbres à l'hectare.

2° En quinconce à 6 mètres sur les lignes avec 5 m. 40 entre les lignes donnant une densité de 270 arbres à l'hectare.

La forme des incisions que nous avons adoptée après de nombreuses expériences comparatives, est celle d'un V non fermé à la base. Les plaies sont ravivées, sur la lèvre inférieure seule, pendant dix jours consécutifs. Puis on laisse l'arbre se reposer 20 jours environ, et on pratique de nouvelles incisions semblables à 20 cm. au-dessous des précédentes, en ravivant comme la première série. On établit ainsi, la première année, deux rangées d'incisions sur deux faces de l'arbre. L'année suivante, les deux bandes de séparation non traitées seront exploitées à leur tour ; et ainsi de suite.

Les plaies pourront ainsi se guérir facilement, la cicatrisation en étant très rapide.

L'âge auquel nous estimons que l'on peut commencer à saigner les Heveas est 6 ans, pour la région où nous sommes installés.

En 1887 également, M. Haffner, Directeur de l'agriculture en Cochinchine, introduisait au jardin d'essai d'Ong-Yiem (arrondissement de Thudaumot) un millier de pieds d'Heveas guyanensis provenant d'un envoi de M. le pharmacien Raoul. Ces plantes furent réparties sur 8 hectares 1/2. En 1899, d'après le rapport de M. Achard, ces Heveas sont en parfait état de développement.

En signalant encore la petite plantation d'Heveas brasiliensis faite par M. Canavaggio à Thuduc, je crois que nous aurons passé en revue toutes les expériences tentées jusqu'à nos jours sur cette espèce américaine que nos voisins de la péninsule malaise et de Ceylan ont développée à profusion pour remplacer leurs anciennes plantations de caféiers et de Cinchonas, parasitées et devenues improductives.

Les Manihots Glazovii, le Ceara furent introduits en Indo-Chine en 1896. M. Chalot, directeur du Jardin botanique de Libreville, adressa à la colonie, l'année suivante, une grande quantité de graines dont la plupart ne germèrent du reste pas.

M. Yersin en planta 40 pieds à Suoi-Giao. M. Josselme imita son exemple à Vinh-an-Tay (Giadinh). Ces deux essais ont parfaitement réussi, du moins comme preuves d'acclimatation et de vitalité de ces espèces, puisqu'en 1899 M. Capus, mesurant les Manihots de Suoi-Giao, trouvait à ces plantes, à peine âgées de 20 mois, plus de 4 mètres de hauteur. M. Achard, d'autre part, en 1900, insiste tout particulièrement dans son rapport sur la belle venue des arbres de M. Josselme.

En Cochinchine, toujours d'après ce dernier rapport, les Manihots n'ont pas résisté à la sécheresse et il ne restait plus en 1900 qu'un seul pied au Jardin botanique de Saïgon.

La saison à laquelle les saignées donneront le meilleur rendement est celle des pluies et le commencement de la saison sèche, la terre étant encore très humide.

C'est donc d'août à février que nous pourrons saigner; mais seulement les jours où il ne pleuvra pas.

La hauteur du tronc à saigner augmente avec l'âge. A 6 ou 7 ans, nous pouvions traiter jusqu'à 1 m. 20 au-dessus du sol.

L'heure la plus favorable pour la saignée est le matin jusqu'à 9 heures.

Méthodes de coagulation. — La coagulation spontanée et par l'acide acétique, nous ont donné l'une et l'autre de bons résultats, après filtration préalable du latex sur un tamis à mailles fines. Nos caoutchoucs séchés à l'ombre ont, en effet, été estimés aussi bons que les meilleures sortes de Ceylan.

Le rendement sur lequel nous pouvons compter est une moyenne de 300 grammes de caoutchouc sec, pour un arbre de 4 ans.

Georges Vernet.

Ceux que j'ai vus personnellement au Jardin d'Hanoï en 1901 avaient beaucoup souffert de l'hiver précédent ; une partie de leurs branches étaient mortes, tuées par le froid exceptionnel cette année ; mais des troncs très vigoureux étaient reparties de nouvelles branches très saines et très bien développées.

Il existe en Annam, en face du poste de Cua-Rao, une petite plantation de Manihots, créée en 1898 par la « Laotienne ». En 1901, les arbres mesuraient en moyenne 4 mètres de hauteur et la plupart étaient couverts de fruits.

Sur le Castilloa elastica et sa vitalité en Indo-Chine nous ne sommes que fort peu renseignés par les rapports des chefs de service de l'Agriculture. En 1889, le ministère des Colonies a fait un envoi de graines en Cochinchine. Elles sont arrivées en caisses Ward dans un excellent état, les plantes furent réparties aussitôt dans différentes provinces. En 1884 il ne restait plus, d'après M. Achard, que trois Castilloa vivant à Hatien, dix à Thu-dau-Mot, et huit à Tayn-Ninh. En 1900, ils avaient totalement disparu de ces deux dernières stations.

De toutes les plantes importées, la plus intéressante sans contredit est le Ficus elastica de l'Assam. Nous insisterons donc un peu plus spécialement sur son étude.

M. Capus signale en Indo-Chine la présence d'un certain nombre de Ficus indigènes :

Caï-da commun........	Ficus indica
Caï-da xop............	Ficus pumilla
Caï-da long...........	Ficus, sp. ind.
Caï-da sanh..........	Ficus, sp. ind.

Le Ficus elastica est-il également autochtone, comme le prétendent certains Annamites qui signalent son existence à l'état spontané à Van-qui, au Quang-tri, ou a-t-il été importé dans la colonie, comme le pensent les missionnaires de Hué. Peu importe du reste, son point d'origine, ses habitats de prédilection sont si proches de notre Indo-Chine que son adaptation est certaine. La vigueur avec laquelle se développe cette essence en Annam et en particulier à Hué est une preuve certaine de réussite pour les plantations. Un arbre de Thuong-Bac d'une vingtaine d'années a, d'après M. Achard, 16 mètres de hauteur et 2m 90 de circonférence à 1 mètre du sol. Les autres Ficus du jardin de Hué et en particulier les 200 qui forment les arbres de bordure du chemin de la Citadelle, sans atteindre ces dimensions, sont également bien développés.

Le Dr Copin qui en 1898 fit le premier l'essai de récolte du latex du Ficus, termine par les conclusions suivantes son rapport au directeur de l'Agriculture :

« Le Ficus appelé but-ngoc qui est très commun à Hué fournit « du caoutchouc qui paraît être de bonne qualité.

« Il croît dans tous les terrains même arides, et se propage par « boutures au moment de la saison des pluies. La croissance est « très rapide ; il peut atteindre 3 mètres de circonférence en « 10 ans.

« L'extraction de son caoutchouc est facile et peu coûteuse. Le « caoutchouc fourni par le but-ngoc est abondant et paraît bien se « conserver. »

M. Jacquet en 1901 se livre à son tour à des expériences sur les Ficus de Hué ; celui du Thuong-Bac lui fournit en une seule saignée faite en septembre 2 kil. 010 de latex, qui par coagulation abandonne 1 kil. 026 de caoutchouc. Les deux séries suivantes sont également extraites de son rapport :

Série A.

1	saigné	en juillet 1899	donne	640	grammes de caoutchouc sec.
2	—	—	—	522	— —
3	—	—	—	280	— —
4	—	en août 1899	—	400	— —
5	—	—	—	280	— —
6	—	—	—	460	— —
7	—	—	—	300	— —
8	—	en septembre 1899	—	370	— —
9	—	—	—	410	— —
10	—	—	—	310	— —

Série B.

1	saigné	en mai 1900	—	142	— —
2	—	—	—	228	— —
3	—	—	—	204	— —
4	—	juin 1900	—	156	— —
5	—	—	—	190	— —
6	—	—	—	242	— —
7	—	juillet 1900	—	230	— —
8	—	—	—	259	— —
9	—	—	—	257	— —
10	—	—	—	227	— —

Elles montrent que :

1° Des Ficus de 15 ans environ ont donné une récolte moyenne de 3.500 grammes de caoutchouc par an ;

2° Que de très grandes différences peuvent exister dans les rendements de ces arbres et cela sans raison apparente.

Rappelons de suite que des constatations semblables ont été faites également au Jardin d'essai de Tjikenmenh où j'ai vu par exemple saigner deux Ficus voisins, du même âge, du même diamètre ; l'un fournit 915 grammes de caoutchouc, tandis que de l'autre on ne put extraire que 30 grammes de latex.

Cette question d'idiosyncrasie, d'individualisation physiologique, a du reste été étudiée longuement dans le *Journal de l'agriculture tropicale*, par MM. Rivière, Van Romburgh, etc., et fait le sujet d'une note de Chevalier, publiée il y a quelques jours (novembre 1905) dans la *Dépêche coloniale*.

Toutes les études concernant le choix des terrains, les méthodes de semis, de bouturages, de marcottes, les pépinières et la mise en place des jeunes Ficus, toutes ces études ont été faites avec le plus grand soin à Java, par M. Van Romburgh qui préconise cette culture. Il me semble donc inutile de répéter ici les observations et les conclusions publiées en 1902 dans le rapport du directeur du Jardin d'essai de Tjikenmenh.

Rappelons simplement que le Ficus elastica, le Karet javanais, se plaît particulièrement dans les régions forestières ayant une altitude moyenne de 100 à 300 mètres ; qu'il préfère les terrains alluvionnaires non marécageux. La température des pays d'origine varie entre 8° et 36°, soit une moyenne de 22°. La hauteur des pluies en Assam dépasse en général 2 mètres par an.

Ce sont des conditions climatologiques que présentent nombre de provinces en Indo-Chine.

Quant aux procédés de coagulation et de préparation, il y aurait intérêt, pour augmenter la valeur marchande de ce produit, de le recueillir suivant la méthode préconisée par MM. Coppin et Capus, la coagulation à l'air libre et l'enroulement des fibrilles coagulées et bien desséchées.

En Indo-Chine, la première plantation du Ficus date de 1882. Elle fut établie par Pereire à Thuduc, sur des terrains appartenant à M. Sallenave. Les sujets provenaient de boutures qui ne purent résister, puisqu'en 1900 M. Achard constata la disparition presque totale de ces plantes.

Depuis, le seul essai signalé par les auteurs est celui de M. Beausire qui planta 300 hectares à Dung-Dai (province du Kuang-Tri).

A mon retour en France, j'ai voyagé avec M. Bichot qui m'a dit avoir commencé une plantation de Ficus au Tonkin, plantation qu'il espérait développer à son retour à la Colonie.

ÉTUDE COMMERCIALE

L'histoire commerciale du caoutchouc indo-chinois débute en 1900. Jusqu'à cette date, il semble que les négociants européens aient totalement ignoré cette richesse forestière de notre colonie d'Extrême-Orient. Auparavant, ce produit était uniquement exploité par les commerçants chinois, qui dirigeaient vers le Siam ou sur Singapour le caoutchouc et les produits guttoïdes récoltés par les Annamites et les Cambodgiens.

On savait depuis 1870, par Jeanneau, qu'une liane très riche en latex abondait dans les environs du Chau-Doc; c'était le Wahrangkot des Cambodgiens, le Dau-tram des Annamites, le Parameria glandulifera Bentham, d'après la détermination de Pierre en 1874.

Entre temps, une mission d'études de ces produits avait été confiée par M. Constans à P. Mayrena ; elle n'avait apporté aucun renseignement nouveau.

Le gouvernement du reste, tout aux difficultés de l'occupation, se désintéressait de cette question de mise en valeur des territoires du Protectorat.

En 1890 débute la véritable conquête commerciale du Laos et de la chaîne annamitique. Deux agents de la maison Denis frères, MM. Gravier et Pognet, deux autres appartenant à la maison Speidel, MM. Collongeat et Rosnet, partent de Vinh pour remonter les uns vers le Cammon par le col d'Hatray, les autres vers le Tranninh par le Song Ca. A Napé, M. Rosnet, guidé par le garde de milice Montignault, recueillit quelques kilos de caoutchouc. Pendant ce temps, Gravier et Collongeat achetèrent à la Mission de Cahn trap les premiers produits apportés au R. P. Guignard par les Méos du huyen de Vinh-hoa.

En 1891 Pognet, installé provisoirement à Cua-Rao, obtient au prix de 40 livres le picul (62 kil. 500) 7 à 8 piculs d'un excellent caoutchouc.

La mort de Collongeat et de Gravier, la maladie de Pognet viennent arrêter cette première série de recherches. L'invasion siamoise, la révolte des Khas, les incursions des pirates rendent du reste impossible toute nouvelle tentative commerciale.

Après les colonnes de police effectuées en Annam par les troupes de milice (1895), l'occupation effective du Song Ca, du Mékong et des Hauts Plateaux du Tranninh vient terminer heureusement cette période de troubles.

Le poste de Cua Rao est fondé en avril 1896, et M. Breugnot, inspecteur de milice qui le commande, s'occupe aussitôt de faire recueillir par les indigènes des échantillons de caoutchouc qu'il adresse aux principales maisons de commerce de la côte.

Un prix moyen est fixé, d'accord avec les Annamites : 32 livres le picul de 62 kil. 500.

M. Hennequin, associé de M. Desgrais, de Vinh, le 20 juillet de la même année, vient établir un comptoir près du poste. Son exemple est suivi par M. Delineau, le mois suivant. La demande d'une concession réservée que ce dernier adresse à la Direction de l'Agriculture lui est refusée par le Gouvernement, qui n'accorde également aucun monopole à M. Bertin, ingénieur de la Société cotonnière d'Haïphong, laquelle s'engageait, dans le cas d'obtention, à fonder une société d'exploitation au capital de 300.000 fr.

Sur le Mékong, le R. P. Contet signalait, dès cette époque, l'abondance des lianes à latex dans la province de Pak Inboum, et M. Leblevec, commandant de la flottille du Mékong, demandait un congé pour aller étudier les richesses forestières des rives de ce fleuve, entre Vien Tiane et Van Viene.

Deux commerçants très entreprenants, MM. Fesch et Hauff, s'installaient vers la fin de l'année à Vien Tiane et demandaient aussitôt aux autorités indigènes de leur faire récolter du caoutchouc.

Cette même année, au Tonkin, un commis de résidence, M. Hermandez, trouvait de nombreuses lianes à caoutchouc sur les flancs des monts du Hung Hoa, et, sur ses indications les indigènes du Thai Nguyen, commençaient l'exploitation de ce produit.

En 1898, MM. Hennequin et Delineau expédiaient chacun de Cua-Rao sur Vinh environ 1.800 kilos de caoutchouc, tandis que

MM. Fesch et Hauff à Vien Tiane, commandités par la maison Denis frères, en s'associant avec un commerçant laotien Pho-Mouk, achetaient et expédiaient sur Saïgon quarante-cinq tonnes environ d'un excellent caoutchouc.

L'année suivante, les opérations commerciales s'étendent. Des avances sont faites à quelques indigènes qui se répandent dans les Phu Muongs, le Tranninh et le Sam-To. Le transit par Cua Rao dépasse dix tonnes, mais les prix d'achat se sont notablement augmentés, et le picul atteint 100 à 110 piastres.

Quoi qu'il en soit, le mouvement commercial augmente toujours. Delineau rentre en France, fonde la société La Laotienne, et revient aussitôt au Laos. Il retrouve à Cua Rao un comptoir nouveau créé par MM. Besnard et de la Brosse, et partage avec eux les quinze tonnes produites cette année sur le Song Ca.

Vers la même époque, M. Desplants, agent du Comptoir français, établi sur la Rivière Noire à Cho-Ro, drainait tout le caoutchouc récolté sur la rivière et dans les pays voisins, Xieng Ko, Muong-Et, Dien Bien.

M. Chaussé, à Muong-Sam-To, entre Cho-Bo et Cua Rao, achetait le caoutchouc du Haut-Song-Ma et des régions du Muong Yen et Muong Son.

MM. Demoly, Caron et Goulard, négociants à Paksè, envoyaient des acheteurs chez les Khas Tahos de Sarawane.

A Vien tiane, MM. Fesch et Hauff, continuèrent leurs achats, concurrencés cette fois par l'agent des Messageries fluviales.

Au Tonkin, dans la région de Van-Bu, l'administration signalait la présence de zones forestières à caoutchouc. Le rapport du résident mentionnait également un commencement d'exploitation par les indigènes.

En 1900, tandis qu'une nouvelle société, le Comptoir laotien, dirigé par M. Raquez, tentait, sans résultat du reste, l'établissement de trois comptoirs entre Pak Inboum et Luang Prabang, quelques colons essayaient également l'achat des matières premières sur les bords du Mékong ; M. Quemerais y renonce le premier ; puis, après lui, M. Nollin qui voulait exploiter le plateau des Bolovens. Les frères Ragot ne furent pas plus heureux à Vien Tiane, et la maison Fesch et Hauff dut également suspendre ces achats.

Sur la Rivière Noire, le Comptoir français et la maison Godard se partageaient le caoutchouc acheté à Cho Bo.

Le marché du caoutchouc ne se limitait plus au Laos. Dans l'Annam, le Hatinh, le Quang tri, le Quang binh étaient exploités par M. Delabaume, installé à Dong Hoi, par MM. Rideau et Ferré, établis dans le phu de Binh Khé. Toutes ces provinces dirigeaient sur Tourane et sur Vinh une quantité relativement considérable d'un produit de très belle qualité que se disputaient de nombreux acheteurs Coqui, Cornu et les frères Lejeune, établis depuis 1897.

M. Numile Maître, installé à Vinh pour le compte de la société industrielle et commerciale du Tonkin, demandait vers cette époque une concession au Hatinh pour se livrer à l'extraction mécanique du caoutchouc d'écorces.

L'exploration de la chaîne annamitique faisait ensuite découvrir de nombreux peuplements de lianes à latex. Yersin les signalait dans la Haute Rivière de Hué, en amont de la rivière Nong ; le Garde principal Trinquet en trouvait en abondance autour de Bin-Dinh et dans le phu de Bink-Khé, etc...

En 1901, le capitaine Gosselin était envoyé par un groupe financier pour rechercher les zones de forêts riches en lianes à demander en concession, tant en Annam qu'au Laos. Dans son rapport de fin de mission, il signale comme société actuellement en cours d'exploitation : La Laotienne, dirigée par M. Delineau, le Comptoir français du Tonkin, la maison Fesch et Hauff, à Vien tiane, la Société Coqui, en Annam, enfin une société en voie de développement, le Comptoir laotien.

En 1902, il ne restait plus, lors du passage de mon frère au Tranninh et sur le Mékong, que La Laotienne avec deux comptoirs, l'un à Xieng Kouang, l'autre à Phon thane, le Comptoir français avec un seul acheteur à Xieng Kouang, la maison Simon également installée dans ce poste. Sur le Mékong, tant à Vien tiane qu'à Luang Prabang, aucune société n'avait d'agent spécialement attaché à l'achat de ce produit. En 1903-1904, tandis que La Laotienne retire son personnel européen de Xieng-Kouang et ne maintient plus au Tranninh qu'un interprète indigène, le Comptoir français augmente son personnel dans cette province. Un agent est installé à Cua Rao. Deux restent à Xieng-Kouang, un quatrième est envoyé sur le Haut-Mékong à Luang-Prabang. Leur exemple est suivi par la maison Simon frères, qui crée une agence à Vinh et détache un de ses acheteurs de Xieng-Kouang, M. Parié, à Luang-Prabang. Les frères Lejeune fondent dans le Cammon un Comptoir concurrençant l'ancien acheteur de La Laotienne et installent un agent à Cua Rao, tandis que leur maison de Vinh engage la lutte contre la maison Demange du Tonkin, établie depuis deux ans à Ben-Thuy.

A Saïgon, les anciennes maisons cochinchinoises Speidel, Denis frères, etc., continuent à acheter, mais en quantités relativement minimes, les faibles stocks que viennent leur offrir les commerçants chinois de Cholen.

Telle est, rapidement résumée, l'histoire commerciale du caoutchouc depuis sa découverte jusqu'à nos jours. Etudions maintenant les procédés d'achat employés à l'heure actuelle par nos maisons françaises.

Méthodes commerciales actuelles. — Le caoutchouc brut, une fois récolté dans la forêt, est transporté dans les villages Khas, Méos ou Pou-Thays. En général, il y reste peu; parfois cependant, pour des raisons d'intérêt, les indigènes conservent une partie de leur récolte pendant quelques semaines, voire quelques mois, en attendant les acheteurs de la plaine. Dans ce cas, les boules de caoutchouc réunies dans des paniers de bambous sont attachées à la toiture de la case, de préférence au-dessus du foyer. C'est la fumée, séjournant en permanence dans les maisons, qui donne souvent à leur récolte cette coloration brunâtre et cette odeur de fumée qui a pu faire croire aux acheteurs non avertis à une préparation du caoutchouc par le procédé amazonien, la fumigation.

Il est rare que les Européens, factoriens ou employés subalternes, se rendent eux-mêmes dans les villages pour acheter le produit des récoltes. Les montagnards, pour la plupart encore très sauvages, sont trop craintifs pour attirer chez eux les commerçants, qui leur achèteraient pourtant le produit de leur travail plus cher que ne leur paye l'intermédiaire annamite ou laotien.

Dans certaines provinces, au Tranninh en particulier, grâce à l'habile administration du résident de Xieng-Kouang, M. Morin, un certain nombre de tribus Méos se sont décidées à apporter eux-mêmes leur caoutchouc aux postes français. Instruits par l'expérience et commerçants d'instinct comme les Chinois dont ils descendent, ils vont successivement offrir leur récolte aux divers commerçants pour la rapporter enfin et la céder au plus offrant.

Dans les premiers temps de notre occupation du Haut-Laos, pour décider les indigènes à exploiter le caoutchouc et surtout pour obtenir plus facilement l'impôt de capitation que l'on venait d'étendre à notre pays de protectorat, le résident supérieur, M. le colonel Tournier, avait autorisé les villages à payer leur redevance en caoutchouc. Ce procédé avait déjà été employé par les différents gouverneurs de la Côte Occidentale d'Afrique, en Guinée Française et au Soudan en particulier. Depuis l'installation des maisons de commerce et l'augmentation colossale de la valeur de cette matière première, le gouvernement s'abstient de toute perception en nature; les piastres abondent du reste, même dans la montagne, et la rentrée se fait sans difficulté.

Voyons maintenant quels sont les procédés employés à l'heure actuelle par les maisons européennes établies dans l'intérieur. Certains comptoirs possèdent dans leur personnel indigène un ou deux interprètes qui, pendant la saison sèche, vont s'installer dans des comptoirs annexes fondés provisoirement dans les centres de production, ou font successivement des tournées dans les principaux villages, en revenant, entre chaque voyage, reporter à la maison mère le caoutchouc récolté. Pour éviter les majorations de frais généraux qu'entraînent la solde et l'entretien de ces agents indigènes utilisés pendant quelques mois seulement, les commerçants s'adressent parfois simplement à des notables indigènes. Ils leur avancent une somme plus ou moins importante et, sitôt la récolte du riz et les travaux du village terminés, ces derniers partent dans la montagne à la recherche des stocks de caoutchouc réunis par les collecteurs. Un prix global est fixé avant leur départ : en pays laotien, ils s'engagent, par un contrat souvent passé devant les autorités indigènes, à rapporter un certain nombre de kilos de caoutchouc correspondant à la somme avancée ou à restituer cet argent. Ces avances peuvent être consenties non plus seulement à un indigène, mais à un village tout entier, comme je l'ai vu faire dans le Cammon ; la plus grande partie du prêt avait du reste été, dans ce cas, versée en nature, sous forme de boîtes d'opium de la Régie.

Au Laos, en Annam, l'échange, le troc employé presque exclusivement au Congo et dans la plupart des factoreries de la Côte Occidentale d'Afrique, n'a jamais été en faveur chez l'indigène. Inutile de dire combien est regrettable pour nos commerçants cette impossibilité d'écouler nos produits métropolitains, tout en augmentant leurs bénéfices dans l'achat de la matière première. Et cela est d'autant plus déplorable que la plus grande partie des piastres ainsi perçus par les indigènes ne rentrent pas dans la circulation et que le colon n'en bénéficie pas.

La plupart des montagnards cachent, en effet, dans des trous creusés en terre presque toutes les pièces d'argent reçues en paiement de leur travail, et cela dans la plus grande partie du Laos caoutchoutier, au Tranninh, au Vien-Tiane et dans le Luang-Prabang. Nos produits européens sont, d'autre part, fort peu prisés par les Laotiens, et s'il arrive quelques étoffes ou bimbeloteries sur la rive gauche du Mékong, elles proviennent presque toujours de Bangkok et ont suivi la voie du Mènam jusqu'à Outaradit et Pak-Lay.

Il n'en est pas de même, heureusement, des Annamites du versant maritime de la chaîne qui, depuis quelques années, s'approvisionnent dans les factoreries de Vinh et Nam-Dinh.

Telles sont, rapidement résumées, les méthodes d'exploitation actuellement employées par les Européens dans la zone caoutchoutière de notre Indo-Chine.

L'effort est rudimentaire ; en somme, il se réduit à quelques tentatives isolées effectuées par cinq ou six maisons de la côte. Un gérant est dirigé sur l'intérieur avec la pacotille et les vivres destinés au ravitaillement des fonctionnaires civils et militaires, quelques vagues articles de traite pour l'indigène ; ses achats de matières se réduisent à quelques tonnes de caoutchouc, des quantités en général insignifiantes de cardamone et de laque enfin, dans le bas Laos, quelques peaux de buffles et quelques cornes.

Dans l'état actuel de ces pays (nous avons surtout en vue la chaîne annamitique et le Laos, nos vraies réserves de lianes), avec le nombre extrêmement réduit d'habitants, l'absence totale de routes et de moyens de transport, peut-on préconiser une autre méthode d'exploitation ?

Concessions et Monopoles. — Comme nous l'avons vu dans l'histoire commerciale du caoutchouc en Indo-Chine, un certain nombre de demandes de concessions forestières ont été adressées par différents colons à l'administration locale ; le premier M. Delineau, en avril 1898, demanda, pour une période de cinq années, le privilège exclusif de l'exploitation des lianes à caoutchouc et autres espèces guttifères et l'octroi d'une concession domaniale d'environ cinq mille hectares. L'administration ne crut pas devoir accéder à son premier désir et on lui proposa une réduction dans la superficie du territoire qui lui serait concédé. Le rapport du Directeur de l'Agriculture et du Commerce de l'Indo-

Chine (20 août 1899) établit au contraire pour tous les colons la liberté absolue dans l'exploitation des produits forestiers naturels. Peu de temps après, M. Bertin se vit également refuser la concession qu'il sollicitait dans le Haut Song-Ca. En 1900, nouvelle proposition de M. Numile Maître qui veut tenter l'exploitation du caoutchouc au Hatinh. En 1901 enfin, le capitaine Gosselin, accompagné de M. Quintarct, vint reconnaître une partie du Cammon, du Camkeut et de la province du Hatinh pour y prospecter les zones forestières particulièrement riches en lianes. La société du « Laos et de l'Annam », société en formation qu'il représentait, voulait demander au gouvernement les concessions qu'il avait choisies. Ces concessions comprenaient environ cinq cent mille hectares de forêts, situées en partie en Annam, dans la province du Quang-Binh, Huyen de Tuyen-Hoa ; en partie dans la province du Cammon (haute vallée du Nam-Ka-Dinh) et le long de la frontière de l'Annam et du Laos, sur une longueur de cent kilomètres et sur une largeur de trente kilomètres. Je ne sais ce qu'il est advenu de ces projets, mais du rapport présenté par le chef de mission, qui connaissait déjà le Bas Laos pour y avoir rempli les fonctions de commissaire du gouvernement, j'extrais les données suivantes concernant la mise en exploitation directe que préconisait le capitaine Gosselin.

Dès le début de son rapport, il définit ainsi ses projets : « Avoir de vastes concessions et les exploiter soi-même au moyen d'équipes indigènes bien choisies et bien surveillées. Ces équipes, M. Gosselin voulait les organiser comme suit : un contremaître annamite, vingt coolis annamites ou laotiens. La solde du contremaître était fixée à dix piastres par mois en Annam et quinze au Laos. Les coolies annamites devaient recevoir six piastres par mois au Laos et quatre en Annam. Enfin les coolies laotiens que M. Gosselin comptait recruter au Cammon seraient payés quinze cents de piastre par mois. M. Gosselin, se basant sur ces excellents rapports avec le Gouvernement général et le personnel administratif des provinces parcourues dans sa mission, était persuadé de la possibilité du recrutement de ces travailleurs. Quand on songe, cependant, aux difficultés presque insurmontables auxquelles se butte sans cesse l'administration elle-même pour obtenir la main-d'œuvre extrêmement réduite dont elle a besoin pour la création et l'entretien des sentiers et des routes, la surveillance des lignes télégraphiques, le transport des courriers, etc., on ne peut partager l'optimisme du capitaine Gosselin.

Engager des travailleurs Khas ou Pou-Thays dans la montagne laotienne, même sous la pression des résidents et des chefs indigènes, il n'y faut point songer. Quant aux Annamites, qui constitueraient une excellente main-d'œuvre, ils ne consentiront jamais à monter dans la chaîne et à résider aux altitudes où se plaisent les meilleures lianes à latex. Ils tombent du reste rapidement malades, dans ces zones élevées où les nuits sont relativement froides. L'eau de la montagne les empoisonne, disent-ils, et les quelques annamites qui se risquent sur les hauts plateaux, au Tranninh en particulier, comme coolies et même comme domestiques d'Européen, ne tardent pas à demander leur rapatriement. »

Les prix excessivement réduits que fixe le capitaine Gosselin pour la solde de ses coolies ne me paraissent pas non plus devoir être conservés comme bases de paiement pour un colon ou une société qui tenterait l'exploitation directe de la forêt. Le gouvernement paye bien en effet ses coolies de dix à quinze cents par jour, mais ce service est considéré comme un impôt, comme une prestation en nature. Quand les commerçants du Tranninh ou du Cammon ont besoin de travailleurs ou de porteurs, il les payent ordinairement vingt-cinq à trente cents. Quant au personnel annamite, sa solde devrait être également majorée si l'on voulait avoir quelque chance de bon recrutement.

Mais, même avec la possibilité d'une main-d'œuvre vraiment économique, l'exploitation directe par saignée régulière des lianes est-elle possible ? Tout d'abord, ces incisions ne pourront être faites que pendant les trois ou quatre mois de la saison sèche. Ce personnel à solde annuelle ne pourra donc fournir de travail réellement productif que pendant quelques mois à peine et, pendant cette période même, la quantité de caoutchouc récolté par un Laotien, même travailleur et adroit, est extrêmement faible. Les chiffres les plus fantaisistes ont été fournis et sur les quantités de latex que peuvent donner les lianes adultes et sur le poids des récoltes quotidiennes que peut recueillir un travailleur.

Je crois, pour ma part, qu'il est impossible d'émettre sur ces deux points une opinion qui ne soit pas très approximative. Deux lianes de la même espèce et du même âge incisées un même nombre de fois donneront deux quantités très différentes de lait, suivant la nature du terrain, l'exposition, l'humidité locale, la profondeur des incisions.

Entre 185 et 395 grammes pour la récolte de juin, dit M. Macey, de 60 à 200 grammes quand on s'adresse aux mêmes plantes en octobre ; 200 grammes d'après M. Achard, qui incise lui-même un Parabarium à Muong, Nhiom. Nous n'avons jamais obtenu un tel rendement au Laos, du moins en surveillant les porteurs que nous envoyons inciser les lianes dont nous voulions recueillir les échantillons de lait pour nos analyses ultérieures.

Quant au caoutchouc que peut récolter un indigène par jour, les avis diffèrent notablement. Entre les 100 grammes que MM. Achard, Morin et le R. P. Contet donnent comme maximum journalier et les évaluations de M. des Michels et le R. P. Delaleix qui vont de 1 à 2 kilos, il est impossible de se prononcer. Dans les peuplements très riches en lianes, dans la bonne saison, avec des indigènes adroits, aidés par leurs femmes et enfants, ou employant les procédés d'abattage ou d'incisions tangentielles, de l'avis des principaux chefs indigènes la récolte pour une famille serait d'environ d'un pou (750 gr.) de lait en deux journées, soit environ 90 à 100 grammes environ par jour et par indigène.

Sans doute, il existe des lianes qui donnent immédiatement sous le coupe-coupe une grande quantité de lait, le Vallaris Heynei, le Micrechites Jacqueti par exemple, mais leur latex est peu chargé en globules caoutchoutifères. Quand leur coagulation est obtenue à la longue par la chaleur, la masse très résineuse qui surnage dans le récipient n'atteint pas le dixième du poids total du latex bouilli.

A 90 grammes par jour, pendant cent jours, chaque coolie rapporterait donc à son employeur de 9 à 10 kilos de caoutchouc ; ce n'est donc pas 2 fr. 50 par kilogramme que reviendrait à une société le caoutchouc laotien, comme l'espérait et l'écrivait dans son rapport M. Quintaret, mais à 7 fr. ou 7 fr. 50, en ne tenant compte encore que de la solde du travailleur lui-même, payé au tarif très réduit de M. Gosselin.

Sans doute, en s'adressant indifféremment à toutes les lianes à latex en mélangeant aux bonnes espèces les laits très liquides et très résineux des Apocynées sans valeur, le rendement de chaque collecteur pourrait être plus considérable, et c'est, du reste, ce qui arriverait si le travailleur était payé, comme on le fait pour le Balata en Guyane Française, d'après la quantité de lait qu'il apporte. Mais le caoutchouc que la Société tirerait de ses concessions n'aurait sur les marchés d'Europe qu'une valeur très médiocre. Une grande partie de ces produits, d'autre part, tournerait rapidement au gras et serait par là même invendable.

Nous n'avons insisté si longtemps sur le rapport de M. Gosselin que pour montrer combien nous paraît impossible la réussite d'une Société qui, même avantagée par l'État du monopole de l'exploitation du caoutchouc dans une zone très vaste, tenterait l'exploitation directe par ses propres moyens. Et la preuve nous en est donnée encore, par la Société industrielle et commerciale du Tonkin. M. Coqui avait demandé et obtenu, en mai 1902, pour cette Société qu'il représentait, une série de concessions en périmètres réservés dans les provinces de Bac-giang et de Quang-yen. Leur mise en valeur n'a jamais été tenté, d'après les renseignements recueillis à Vinh. Il en est de même des 2 périmètres réservés de 500 hectares accordés en 1901 dans la vallée du Song Nuoc Dinh à MM. Rideau et Pierre.

Reste à examiner les procédés d'exploitation dont nous avons pu étudier les moyens d'action et les résultats au cours de nos missions au Congo Belge et dans notre Congo Français, la méthode des grandes concessions domaniales avec monopole d'achat de tous les produits forestiers.

Tout d'abord, l'État doit-il diviser ces vastes territoires d'Indo-Chine, même les zones montagneuses, à peine connues ? a-t-il intérêt à les répartir entre quelques grandes sociétés qui les mettraient en valeur ?

La Direction générale de l'Agriculture s'est toujours refusée à l'obtention de ces concessions, et à juste titre, nous semble-t-il. La situation n'est plus la même qu'à la Côte Occidentale d'Afrique. Dans ce pays encore inexploré, pour l'exploitation des territoires situés à 2.000 et 2.500 kilomètres de la Côte, sans moyens de communication directe avec la mer, au milieu de peuplades hostiles et sauvages, aucune tentative commerciale intéressante n'aurait pu réunir les capitaux nécessaires à sa mise en marche si l'État n'avait, en accordant ses monopoles, donné aux promoteurs de ses affaires un gage d'intérêt et des chances de succès. En Annam, au Laos, le gouvernement n'a pas eu besoin d'employer de pareils moyens pour décider les commerçants européens à porter leurs efforts vers l'intérieur des terres. Malgré une concurrence acharnée, dont seul a bénéficié l'indigène, le mouvement d'affaires a toujours progressé depuis 1898. Le monopole d'achat, même s'il avait été accordé à de puissantes sociétés installées dans les centres caoutchoutiers, aurait eu pour résultat certain la baisse des exportations.

L'indigène à qui l'acheteur non concurrencé aurait offert un prix très faible pour son caoutchouc se serait vite lassé de le rechercher.

La récolte du latex est dure et le Laotien bien indolent. Au travail mal rémunéré, le Laotien préférera toujours le repos, que son absence totale de besoin lui permet de se procurer sans peine.

Du reste, dans des régions aussi largement arrosées, avec la facilité de déplacement des indigènes et en particulier des nombreux intermédiaires qui manipulent le produit avant son arrivée chez les factoriens, l'obtention d'un monopole d'achat dans un périmètre réservé n'eût été qu'une faveur fictive.

Le caoutchouc récolté dans la zone elle-même n'aurait jamais été vendu à la Société ainsi priviligiée, mais de village à village aurait été transporté en dehors de la concession, et offert aux concurrents installés dans le voisinage de la zone concédée.

En 1900-1901, à la suite de la baisse du caoutchouc laotien sur le marché de Paris, succédant à la hausse exagérée dans les prix d'achat qu'avait causé la concurrence fiévreuse des acheteurs du Song-Ca, du Mékong et du Tranninh, un grand nombre de commerçants durent abandonner leurs achats. La lutte semblait circonscrite dans l'intérieur entre trois sociétés seulement : Laotienne, Comptoir français et la Maison Simon frères.

Dans certaines zones, un seul agent drainait tout le caoutchouc de la région et obtenait, comme je l'ai vu à Phon-Thane un produit très pur, très bien préparé, à des prix suffisamment rémunérateurs. Dans les postes comme Xieng-Kouang, où les trois maisons avaient des représentants, une sorte d'entente s'étaient établie entre les différents agents ; un prix moyen, variant suivant l'abondance des arrivages, était fixé tous les jours pour les principales sortes. La baisse de la piastre, cotée à cette époque entre 2 fr. et 2 fr. 10 venait encore faciliter les achats.

Depuis, la hausse du caoutchouc laotien qui a repris sa place sur les marchés européens, les demandes incessantes de ce produit, que l'industrie française réclame de plus en plus à nos Colonies, a suscité une concurrence qui ne fera que s'augmenter dans l'avenir. Les voyageurs, les fonctionnaires ont dit quelles puissantes réserves de lianes existaient encore dans la chaîne annamitique, et les capitaux français, moins craintifs depuis la réussite d'un certain nombre d'affaires coloniales, semblent décidés à se risquer dans les achats de matière première en Indo-Chine. Il est à craindre que la valeur du caoutchouc laotien n'y perde beaucoup. L'indigène, sollicité de fournir de grandes quantités de produits par des concurrents désireux d'augmenter leurs chiffres d'affaires, détruira rapidement les bonnes lianes et saignera indifféremment toutes les plantes à latex, comme il avait commencé à le faire en 1900. Il arrivera pour le caoutchouc ce qui s'est passé pour d'autres produits indo-chinois, la colle de poisson en particulier, dont la hausse momentanée entraina immédiatement l'adultération. Peut-on éviter la récolte de tous ces latex résineux et leur mélange avec le bon caoutchouc? Demander aux commercants de sélectionner les produits et de refuser invariablement tout caoutchouc impur : l'agent, le représentant de société, directement intéressé aux quantités achetées, s'y prêtera de mauvaise grâce, et se basant sur la difficulté réelle que présente l'examen d'un caoutchouc récolté fraichement, acceptera, sans qu'on puisse lui reprocher son erreur, des gâteaux ou des boudins qui tourneront au gras quelques semaines seulement après leur emmagasinage. Exiger comme on l'a fait au Cammon que tout le caoutchouc soit apporté en peloton ou en lanière de faible épaisseur, on pourra l'obtenir sans doute avec quelque difficulté des populations qui ont l'habitude d'employer des procédés d'incisions tangentielles ou de la récolte des larmes coagulées sur la liane elle-même.

Quant aux montagnards, et c'est la grande majorité des collecteurs, qui ont toujours pratiqué la coagulation par la cuisson du latex dans de gros bambous ou dans des marmites en terre, il faudra des années pour obtenir des modifications aussi radicales dans leur méthode de récolte.

L'État peut-il intervenir comme il l'a fait au Soudan où, sur un arrêté du gouverneur, tous les caoutchoucs fraudés, adultérés par l'adjonction de produits étrangers, sont détruits par les soins de l'administration elle-même. Cette mesure applicable au Soudan, parmi une population soumise et encadrée par des autorités indigènes responsables, ne pourrait que difficilement être mise en vigueur dans un pays qui commence seulement le développement de son exportation. Le voisinage du Mékong, d'autre part impossible à surveiller, même avec un personnel de douane colossal, permettrait aux commerçants siamois et chinois de faire rapidement dériver sur Bangkok tout le caoutchouc du Laos, de l'Annam et du Cambodge, qui ne prend que depuis quelques années les routes françaises de Saïgon et de Vinh.

Le remède, seules les grandes maisons de commerce de Saïgon, d'Haïphong et d'Hanoï peuvent l'apporter en réunissant leurs efforts.

Si une entente absolue s'établissait entre les directeurs de ces différentes sociétés et par suite entre leurs représentants dans l'intérieur, des prix d'achat uniformes, variant seulement avec les différentes sortes de caoutchouc, pourraient être fixés d'un commun accord pour chaque province. Les caoutchoucs prima, lanières ou pelotons, étant estimés et payés beaucoup plus chers que les gâteaux et les boudins, l'intérêt suffirait à la longue à décider les collecteurs à soigner leurs produits et à maintenir ainsi le bon renom du caoutchouc indo-chinois.

La Direction de l'Agriculture n'est pas restée inactive pendant ces dernières années. Sous l'inspiration constante de M. Capus, le gouvernement général s'est occupé d'une façon effective de la question du caoutchouc. Tout d'abord, la Colonie s'est vivement efforcée de faire effectuer l'inventaire de ses richesses naturelles, le catalogue des lianes qui fournissent la matière première.

M. Pierre, qui avait étudié la Cochinchine et la plus grande partie du Cambodge, continue, depuis 1880, à travailler cette flore indo-chinoise à laquelle il a voué son existence.

Une mission a été confiée à M. Leblevec en 1898-1899 pour la prospection botanique des rives du Mékong. Après lui, en janvier 1901, M. Achard part en Annam et au Laos pour aller étudier sur place les conditions de végétation des lianes et rapporter tous les renseignements concernant leur culture et leur exploitation.

En avril 1902, une mission de six mois est accordée à mon frère, le Dr Spire, pour rechercher les éléments d'herbier nécessaires à la détermination des Apocynées et la fixation définitive des espèces indo-chinoises. Cette mission est prolongée de six mois à son retour à Hanoï, pour lui permettre de compléter, par un voyage en saison sèche, les récoltes incomplètes faites en saison des pluies.

Deux missions sont encore envoyées par la Direction de l'Agriculture, la première au Lang-Bian, la seconde au Yien-Thé. Les renseignements rapportés par M. Vernet d'une part, M. Pouchat de l'autre, viennent encore augmenter nos connaissances sur la flore caoutchoutifère indo-chinoise.

Outre ces recherches d'ordre scientifique, d'autres expériences intéressantes étaient menées pendant cette même période dans un but essentiellement pratique : études concernant la culture des lianes indigènes, expériences sur les plantes à latex américaines susceptibles d'être introduites et propagées dans la Colonie.

Successivement, MM. Jacquet et Achard étaient chargés de missions à Ceylan et dans les États malais, pour aller étudier les cultures anglaises et rapporter des graines et des boutures des caoutchoutiers américains. Après eux, M. le Dr Yersin était envoyé en mission à Java pour se rendre compte des résultats obtenus par les Hollandais dans leurs Jardins d'essais de Buitenzorg, Tjikeumeuh et Tjipetir.

MM. Capus et Haffner, l'année suivante, suivaient de nouveau l'itinéraire du Dr Yersin et complétaient les renseignements tirés de ce premier voyage.

Dans la courte étude consacrée aux espèces caoutchoutifères étrangères, nous avons dit les efforts effectués par l'administration pour l'introduction de ses plantes en Indo-Chine ; il nous reste maintenant, avant de quitter l'histoire pour ainsi dire administrative du caoutchouc, à passer en revue les différents arrêtés que le Service de l'Agriculture a demandés et obtenus du gouvernement général pour la protection des plantes à caoutchouc et de leurs réserves forestières.

Mesures administratives. — Le premier soin de M. Capus, Directeur de l'Agriculture et du Commerce, placé par M. Doumer à la tête de ce service nouvellement créé en Indo-Chine, par arrêté du 4 mars 1898, fut de préparer le décret constituant le service forestier. Le 8 juin 1900, ce nouveau service est formé, et les cadres prévus par les règlements, demandés en partie à la métropole, choisis en partie parmi les anciens agents locaux de l'agriculture.

A l'instigation de ces services techniques, le premier arrêté concernant la protection des lianes et les permis d'exploitation est signé par le colonel Tournier, résident supérieur au Laos.

Par arrêté, en date du 21 septembre 1900 :

Tout indigène désirant se livrer à la récolte de caoutchouc sur le territoire du Laos devra se munir d'une autorisation spéciale qui sera délivrée par le Chau-muong, si l'intéressé est domicilié dans le Muong où il veut opérer, et dans tout autre cas par le commissaire du gouvernement de la province.

Cette autorisation indiquera aussi clairement que possible le périmètre dans lequel devra avoir lieu l'exploitation, les procédés d'extraction qui pourront être employés et ceux qui restent interdits, enfin le point où le caoutchouc devra être présenté à la vérification et acquitter les droits représentatifs d'impôt foncier avant de sortir du Laos (cinq piastres par picul, arrêté du 22 novembre 1899).

Les négociants et Sociétés qui voudraient envoyer dans les pays de production du caoutchouc des agents à leur solde, pourront adresser au commissaire du gouvernement une demande collective où figureront les noms et domiciles de ces agents, et où ils s'engageront à se conformer à toutes les règles que l'autorité jugera utile de leur prescrire ; il leur sera envoyé en retour, pour être délivrés à leurs employés, des permis établis conformément aux dispositions de l'article précédent.

Les autorisations ci-dessus seront entièrement gratuites.

Devant les nombreuses demandes de concessions adressées par les Sociétés au Gouvernement général, la Direction de l'Agriculture proposait et faisait signer par M. Doumer, le 14 février 1901, l'arrêté suivant :

Art. 1er. — L'exploitation des plantes à caoutchouc indigènes de l'Indo-Chine est provisoirement soumise aux règles ci-après, selon qu'il s'agit : 1° de l'exploitation en forêts domaniales non réservées ; 2° de l'exploitation en zone réservée accordée à des concessionnaires.

Chapitre I. — De l'exploitation en forêts domaniales non réservées.

Art. 2. — Nul ne pourra se livrer à l'exploitation des plantes à caoutchouc indigènes en forêts domaniales sans être pourvu d'un permis. Ce permis est délivré par l'administrateur de la province dans laquelle le demandeur veut se livrer à l'exploitation des espèces à caoutchouc, si la demande en exploitation porte sur des forêts ne dépassant pas les limites d'une province. Il est délivré par le Lieutenant gouverneur ou le Résident supérieur, après avis du Directeur de l'Agriculture et du Commerce en Indo-Chine : si le droit d'exploitation doit s'étendre à des forêts appartenant à plusieurs provinces.

Art. 4. — Le permis ne constitue aucun monopole d'exploitation. Il donne droit à l'intéressé d'équiper des récolteurs dont chacun doit être porteur d'une commission ou attestation écrite, visée par l'administrateur, le qualifiant comme opérant, pour le compte de l'exploitant, à titre dûment autorisé.

Art. 5. — Le permis d'exploitation est renouvelable ; il n'est délivré chaque fois que pour une période maxima d'un an, et il n'est valable que pour la province dans laquelle il a été délivré. Il peut être retiré par une décision du Résident supérieur, après avis ou sur la proposition du Directeur de l'Agriculture, lorsqu'il est constaté que l'exploitant ou ses mandataires, par l'exploitation irraisonnée d'une richesse dont ils compromettent les sources, portent préjudice à la Colonie.

Chapitre II. — de l'exploitation en périmètres réservés.

Art. 7. — Tout colon ou indigène peut obtenir l'autorisation de l'exploitation exclusive, dans une zone forestière réservée et limitée, à condition de compenser l'exploitation des espèces à caoutchouc que le périmètre renferme par des travaux de mise en valeur et de repeuplement progressif de la zone réservée.

Art. 8. — La demande d'autorisation pour l'exploitation en zone forestière réservée doit être adressée au Lieutenant gouverneur ou au Résident supérieur, soit directement, soit par l'entremise des Chefs de province. Elle est accordée par arrêté du Gouverneur général, sur la proposition du Lieutenant gouverneur ou du Résident supérieur, et l'avis du Directeur de l'Agriculture et du Commerce de l'Indo-Chine.

La superficie de la zone à réserver sera limitée et proportionnelle aux moyens d'action dont les intéressés justifieront.

Art. 9. — La mise en valeur sera déterminée par le repeuplement progressif du terrain sur la base de la plantation de lianes ou arbres à caoutchouc, à raison de 100 à 150 pieds, marcottes ou boutures par hectare, estimés bien venants à la deuxième année du repiquage ou de la reprise des multipliants.

Art. 10. — La réserve faite, en faveur de l'exploitant, sera retirée, après enquête préalable dans toute la zone, si, au bout de la première année d'exploitation des espèces de peuplement naturel et existantes au moment de l'octroi du périmètre, l'exploitant n'avait pas commencé les travaux de plantations compensatrices dans la proportion déterminée à l'art. 9.

Cette enquête sera faite par une commission composée de l'administrateur chef de la province dans laquelle se trouve le périmètre réservé, d'un agent forestier, et d'un colon agriculteur français habitant la province ou une des provinces limitrophes à la désignation d'un Résident supérieur ou du Lieutenant gouverneur.

Art. 11. — L'exploitant n'aura pas la jouissance, dans la zone qui lui est réservée, des terrains appartenant à des particuliers, à des communes ou villages indigènes.

Son droit d'exploitation forestière est limité à la quantité de bois nécessaire à la construction des habitations, des ponts et de l'outillage dépendant de l'exploitation.

Art. 13. — Les dispositions de tous les règlements pouvant intervenir par la suite, soit en matière d'exploitation des espèces à caoutchouc, soit d'une manière générale pour la réglementation du régime forestier, seront applicables aux zones réservées.

De l'arrêté du 20 août 1902, concernant les privilèges exclusifs de coupe dans le domaine forestier, j'extrais les paragraphes suivants concernant l'exploitation du caoutchouc.

Titre premier. Art. 2. — Le porteur de privilège de coupe aura un droit exclusif à l'exploitation de tous les produits forestiers de sa réserve, à condition de se soumettre aux règles d'exploitation et aux exceptions ci-après déterminées.

Art. 3. — On entend par les « produits forestiers » visés à l'art. 2 les arbres, arbrisseaux et tous autres végétaux, ainsi que les produits divers, tels que les huiles, résines, latex, matières fibreuses, tannifères, tinctoriales, etc., sauf les restrictions qui pourront être édictées dans un intérêt général ou qui résulteront de droits antérieurs des villages forestiers constatés au moment de la cession en privilège de la forêt, et sauf entente à l'amiable entre les intéressés.

Titre IV. Art. 31. — Dans les cas de présence reconnue de lianes à caoutchouc et autres espèces ne tenant qu'en massif plein, des bouquets d'arbres devront être réservés et aménagés, après entente avec le Service forestier, sur les surfaces qu'il désignera.

Art. 32. — La récolte des écorces et tubercules tannifères ou tinctoriaux, des gommes, résines, caoutchouc, etc., se fera suivant les indications du Service forestier, afin de ne pas détruire les végétaux producteurs.

Statistiques. — Il est extrêmement difficile de réunir les statistiques d'exploitation du caoutchouc indo-chinois. Les chiffres communiqués par le Service des Douanes à la Direction de l'Agriculture et du Commerce de l'Indo-Chine, et à l'Office colonial, ne peuvent pas être considérés comme absolus, puisqu'une partie de ce produit passe, par l'intermédiaire des commerçants chinois, sur le marché de Bangkok.

Voici, toutefois, les chiffres publiés par les différents services jusqu'à ce jour :

En 1898, date de début du commerce du caoutchouc, l'exploitation totale est de 9 tonnes, dont 2.500 kilos proviennent de la vallée du Song-Ca.

En 1899, l'exploitation s'élève à 32.813 kilos, dont 31.300 embarqués à Haïphong et 1.513 seulement à Saïgon.

En 1900, l'augmentation des sorties continue toujours, et le caoutchouc exporté s'élève à 339.400 kilos, dont 300.400 par Haïphong et 39.000 par Saïgon.

En 1901, légère diminution ; l'exploitation totale n'atteint que 266 tonnes, dont 76.000 kilos par Saïgon et 190.000 par Haïphong. Le Tranninh, à lui seul, a fourni 60 tonnes.

Pour les exportations de 1902 et 1903, le Bulletin de statistique établi par les soins de l'Office colonial porte seulement comme sortie de la colonie ; 71.815 kilos en 1902 et 78.575 en 1903 ; mais ces chiffres sont certainement erronés, car les droits de sortie perçus rien que dans la seule province du Tranninh portent chaque année sur 40 à 42 tonnes.

En 1904, les statistiques signalent la sortie de 177.177 kilos, et la campagne 1905, d'après nos renseignements personnels, s'annonce comme devant atteindre sinon dépasser ce chiffre.

Nous avons parlé souvent, au cours de ce travail, des variations souvent considérables dans les prix d'achat offerts par les commerçants pour l'obtention de ce produit.

En 1898, au début de l'exploitation, les premiers acheteurs payaient sur le Song-Ca 30 à 40 piastres le picul de 60 kilos, soit 1 fr. 25 à 1 fr. 70 le kilo.

En 1899, dès que le caoutchouc laotien fut connu et coté 7 fr. 50 à 8 fr. sur le marché de Marseille, les prix s'élevèrent rapidement. De 50 à 80 piastres, prix du début de l'année par picul, ils atteignirent, en décembre, les taux excessifs de 130 à 140 piastres à Cua Rao et à Tha-Do.

Naturellement, le caoutchouc vendu directement par les Annamites et intermédiaires chinois aux négociants de Saïgon, Vinh, etc., était encore considérablement majoré.

Pour montrer les différences existant entre la valeur du caoutchouc dans l'intérieur et à la Côte, je citerai simplement la statistique dressée en 1900 par la Direction de l'Agriculture.

A Saravane, les 100 kilos se vendaient entre 125 et 133 piastres.
A Vien Tiane .... 158 et 208 —
A Xieng-Kouang .... 133 piastres.
Aux Hua phans .... 96 —
A Cho-Bo .... 186 à 190
A Hanoï 257

Cette même année, les envois de caoutchouc indo-chinois subissent, vu leur qualité inférieure, une forte dépréciation sur la place de Marseille. Ils ne sont cotés que 5 fr. à 5 fr. 25 le kilo vendus en France ; aussi l'exportation diminue sensiblement cette année et l'année suivante. Le produit est alors recueilli avec plus de soin, les sortes dites du Tonkin prennent une fixité régulière. Les cours moyens n'ont donc plus varié depuis sur le marché français : de 6 à 9 fr. pour le caoutchouc en gâteaux ou en boudins noirs, de 7 fr. à 10 fr. 50 pour le caoutchouc rouge en lanières ou en boules. Les prix d'achat offerts par les sociétés aux Annamites et Laotiens ont naturellement suivi, depuis 1901, une progression continue. En 1902, à Xieng-Kouang, le Comptoir français et la maison Simon frères payaient de 15 à 18 piastres le mun de 12 kilos. En 1904, au Tranninh, au Cammon, le mun était monté à 20 piastres ; à Vien Tiane même, il atteignait 30 piastres, d'après les renseignements reçus d'un de mes correspondants au Laos. Ce sont les prix maxima que peut atteindre le produit de toute première qualité acheté dans l'intérieur, pour laisser un bénéfice aux commerçants exportateurs. Il faut compter, en effet, les frais généraux très considérables qui viennent augmenter le prix de la matière première, dépenses qui peuvent être évaluées à environ 600 à 700 fr. par tonne.

Il n'existe pas, à proprement parler, de marché spécial pour le caoutchouc du Tonkin. La plus grande partie des arrivages est dirigée sur Marseille, où la moitié environ, sinon les deux tiers, est vendue directement sur place aux courtiers ou usiniers français. Le reste continue sur Le Havre et Paris, où la vente est maintenant assurée régulièrement aux fabriques de la banlieue.

En 1901, quand la mauvaise qualité du caoutchouc exporté rendit sa vente plus difficile en France, 80 tonnes furent expédiées sur le marché de Hambourg. Ils trouvèrent, d'après une note de M. Silvain au *Moniteur officiel du commerce*, un prix supérieur à celui de Paris, 6 fr. 60 à 7 fr. le kilo.

Depuis la hausse de 1902, la totalité presque entière du caoutchouc de notre Indo-Chine est exportée et vendue directement à notre industrie nationale.

Et maintenant, que deviendra dans un avenir plus ou moins lointain le caoutchouc indo-chinois ?

Nous avons assez dit les méthodes barbares d'exploitation, les incisions multiples tuant les lianes.

Devons-nous conclure à la disparition prochaine des lianes à latex, comme l'ont fait la plupart des agronomes coloniaux, aussi pessimistes pour notre colonie d'Extrême-Orient que pour nos possessions africaines? Nous ne le croyons pas.

Comme nous le disions nous-même dans une note parue il y a trois ans dans le *Bulletin de l'Indo-Chine*, il ne faut pas s'alarmer outre mesure. Le grand nombre de fruits que portent les anciennes lianes, en particulier les Parabarium, genre dominant au Laos, l'abondance des graines, le coma de poils soyeux qui permet leur dispersion par le vent, toutes ces causes rendent à peu près impossible la disparition totale des espèces productrices. Le voyageur, qui suivant les sentiers battus ne voit, autour de sa route, qu'une forêt complètement épuisée, se croit en droit de généraliser et de conclure à la fin prochaine de toutes les exploitations en cours. La situation n'est pas si noire.

Il en sera pour le caoutchouc du Laos comme pour la gutta des îles de la Sonde qui, d'après tous les explorateurs de la Malaisie, devait disparaître, il y a quelques dix ans, et continue cependant à être importée à Singapour en quantités sensiblement égales.

Malgré tous les procédés plus ou moins barbares que peuvent employer les collecteurs, des réserves de lianes subsisteront encore longtemps dans les forêts montagneuses où le Méo lui-même n'ira pas volontiers recueillir le caoutchouc demandé par les commerçants. Les montagnards du Haut-Tonkin, du Laos et de la chaîne annamitique sont trop peu nombreux et trop dispersés pour pouvoir épuiser complètement les zones à caoutchouc. Il restera toujours des vallées, des sommets peu praticables, que les difficultés d'accès, la présence des tigres, peut-être aussi certaines superstitions locales, empêcheront, pendant de longues années encore, d'être exploités par l'indigène.

Je ne crois pas beaucoup, je l'avoue, à l'influence effective des quelques règlements édictés par le Gouvernement général ou les chefs de province. Dans la pratique, tout arrêté concernant les méthodes d'incision est non seulement difficile à observer, mais encore impossible à faire observer. Avec le cadre très réduit d'agents forestiers qu'entretient le gouvernement dans les centres caoutchoutiers, il ne peut même être question de surveillance et de sanctions pénales.

Le danger le plus grave, du reste, pour les lianes à latex est moins dans l'exploitation du caoutchouc que dans les abattis de forêt pratiqués annuellement par les montagnards pour la plantation de leurs rizières. Je ne sais si le chiffre qu'on m'a donné pour le Tonkin seul, de 30.000 hectares de forêts incendiés par an, est rigoureusement exact ; mais je le croirais assez volontiers, étant donné surtout ce que j'ai vu pendant quatre ans au Congo où les mêmes méthodes de culture sont mises en pratique par les Noirs. Or, dans ces rais abandonnés, au milieu de la maigre végétation qui remplace le maïs et le riz récoltés. on ne retrouve plus jamais aucun Parabarium. Il repousse bien çà et là quelques lianes, mais ce sont des espèces sans intérêt : Micrechites, Pottsia ou Vallaris.

Le Gouvernement pourra-t-il arrêter ces méthodes barbares de culture, ces défrichements par le feu qui conviennent sans doute aux habitudes nomades des indigènes, mais portent le préjudice le plus grave à la Colonie non seulement en détruisant ses richesses forestières, mais en modifiant aussi son régime des pluies ? Ce sera très difficile. Il ne peut être question de persuasion, de conseils patients avec des indigènes restés complètement sauvages dans des villages inaccessibles. Vouloir leur imposer par la force, par des sanctions pénales, la renonciation à leurs coutumes dévastatrices, aucun gouvernement ne prendra la responsabilité de telles mesures.

C'est pourquoi, tandis que l'on recherche lentement dans les jardins d'essai s'il sera possible un jour d'engager les colons à faire des plantations de lianes, il me semble que l'on peut sans remords laisser continuer l'exploitation intensive des lianes à latex. sans apporter d'entrave à l'œuvre des collecteurs.

Et cependant que cette exploitation continue, l'État peut par quelques sages mesures préserver l'avenir de ces plantes. En dehors des lianes cultivées dans les Jardins d'essai, l'Administration ne pourrait-elle demander à un certain nombre de chefs indigènes de planter à proximité de leur village une réserve de 50 à 100 lianes ? Sur les conseils de M. Chevalier, le gouverneur du Soudan, M. Merlaud Ponty, a prescrit ces cultures en 1902 à tous les chefs de gros villages. Ces réserves, les inspecteurs d'agriculture disséminés dans les différents centres administratifs pourraient veiller à leur création et à leur entretien. Des récompenses, gratifications ou diminutions d'impôt, distinctions honorifiques même, pourraient encourager les indigènes à les développer.

Quant aux forêts elles-mêmes, on ne peut songer à réglementer leur exploitation comme on l'a fait dans l'Afrique Orientale allemande, en interdisant toute récolte de gomme dans certaines zones pendant trois ou quatre années consécutives. Il est possible toutefois près des centres administratifs de limiter quelques hectares de forêts riches en lianes non incisées encore, forêts que l'on interdira complètement aux collecteurs de caoutchouc. Un village voisin pourrait être chargé par le Résident de tracer les sentiers entourant et traversant cette réserve. Le chef, rétribué pour ces travaux, serait rendu responsable de toutes les infractions au règlement interdisant l'incision ou l'abattis des lianes dans cette zone de réserve.

Un agent du service local, même non technicien, en faisant deux ou trois tournées pendant la saison sèche, s'assurerait que les prescriptions administratives ont été respectées. Ces lianes laissées intactes enrichiraient par leurs graines les forêts voisines et fourniraient plus tard, s'il y a lieu, les éléments nécessaires aux premières pépinières des colons.

Quant aux essences arborescentes, aux Ficus, aux Heveas, qui sont sans nul doute les deux espèces à propager en Indo-Chine, la Direction de l'Agriculture pourrait, en dehors de ses Jardins d'essai, se livrer à certaines tentatives. Graines et marcottes ne manquent pas. Il est facile d'en recueillir en très grande quantité tant à Hué que dans les jardins de la Colonie. Pourquoi ne pas demander à un certain nombre d'administrateurs, de commandants de Cercle, de planter autour de leur résidence, de leur jardin potager, dix à vingt Ficus elastica et quelques Heveas. Dans tout poste, même le plus éloigné, nos résidents ont installé un jardin ; l'indigène qui est chargé de son entretien pourrait, sans surcroît de travail, donner à ces quelques arbres les soins peu compliqués qu'ils demandent pour vivre et se développer. Dans toutes les gares de Java, de Batavia, aux montagnes du Préanger, l'administration hollandaise a fait planter quelques Ficus. Outre l'avantage d'avoir des arbres superbes au point de vue ornemental, les colons ont été renseignés ainsi, d'une façon absolue, sur les altitudes que supportait cette essence caoutchoutifère.

Par ces moyens, sans dépense pour la Colonie, la Direction de l'Agriculture se rendrait compte des provinces où les Ficus se développeraient le mieux. Elle pourrait aussi, quand le besoin s'en fera sentir, fournir aux colons les jeunes plantules et les graines qui leur seraient nécessaires.

Enfin, pour l'avenir du caoutchouc et de sa culture en Indo-Chine, une réforme me semble particulièrement intéressante.

La Direction de l'Agriculture devrait, à bref délai, spécialiser deux ou trois de ses agents techniques dans l'étude de ce produit et des plantes qui le fournissent. Le domaine de l'agriculture coloniale est trop vaste et nos connaissances sur les conditions de végétation des plantes tropicales trop incertaines encore pour qu'un agronome, si distingué et si travailleur qu'il puisse être, connaisse la culture de toutes les plantes utiles des pays chauds.

Les Hollandais l'ont si bien compris qu'ils ont divisé leur service de l'agriculture en un certain nombre de départements nettement distincts. A l'institut de Buitenzorg, où s'instruisent leurs agents de culture, il existe une section qui ne s'occupe que du café, une autre du riz, une troisième du tabac, etc. Les plantations de caoutchouc et de gutta avaient à leur tête M. Van Romburgh, remplacé maintenant par M. Tromp de Haas, comme toutes les cultures d'État de quinquinas étaient entre les mains de M. Van Leersum. Et non seulement ces savants ont la direction effective de tous les agronomes, chimistes et parasitologues détachés dans leur service, mais le gouvernement hollandais les intéresse directement aux résultats matériels obtenus grâce à leurs efforts. Sans préconiser cette façon d'agir trop contraire à notre tempérament français, on pourrait tout au moins, par des gratifications, par des avancements réguliers, exciter d'une façon permanente l'activité et le zèle d'un personnel dont le travail est particulièrement pénible aux Colonies.

Pour augmenter les connaissances spéciales des agronomes jeunes et intelligents, choisis dans son personnel local par la Direction pour s'occuper du caoutchouc, il suffirait de leur confier une mission d'études de 10 à 15 mois, tant à Java que dans la péninsule malaise.

On aurait ainsi, dans quelques années, des spécialistes compétents à qui l'État pourrait confier le soin de surveiller les réserves, les essais privés, etc., enfin d'établir plus tard des cultures modèles de plantes à caoutchouc.

ANNEXES

RENSEIGNEMENTS GÉNÉRAUX

MONNAIES

Les monnaies employées dans les centres caoutchoutiers de l'Annam et du Laos sont :

1°

La monnaie officielle, piastre de commerce française ou mexicaine pesant 27 grammes, au titre de 0.900 à valeur variable avec les cours. Enfin les divisions, argent et cuivre, de cette piastre.

Outre cette monnaie, circulent encore au Laos en particulier :

Le tical de Bangkok valant de 60 à 62 cents de piastre.

Le tical de Bangkok, rond, en boule, du poids de 15 grammes, de même valeur que le tical plat à effigie.

La roupie des Indes, très demandée sur le Mékong, du poids de 11 gr. 250, d'une valeur de 0 $ 428.

Les pièces de 0 $ 20 et 0 $ 10 de Hong-Kong très recherchées par les Laotiens.

Comme monnaie d'argent, on se sert également mais plus rarement, dans le pays, de lingots ou barres d'argent brut, d'une valeur variant entre 15 et 17 piastres. Nous empruntons au travail du colonel Tournier les renseignements concernant les monnaies de cuivre et de fer utilisées seulement au Laos. L'Annamite et l'habitant du Delta se servent uniquement, comme monnaies divisionnaires anciennes, des ligatures de sapèques en zinc de valeur variable avec le taux de la piastre, mais de poids fixe de 1 kil. 500.

2° MONNAIES DE CUIVRE

Le lot ou hot, dont il faut 224 pour faire 1 piastre et demie, sou siamois ;

L'at, dont il faut 112 pour faire 1 piastre, sou siamois ;

La vène ou phaï, dont il faut 56 pour faire 1 piastre, deux sous siamois ;

Le kè ou double phaï, dont il faut 28 pour faire 1 piastre, quatre sous siamois.

Ces quatre pièces sont siamoises.

Les pièces de un et deux cents cambodgiennes.

La pièce de un cent indo-chinoise.

Des lingots de cuivre en forme de pirogues de différentes dimensions, d'une valeur de un demi à quatre cents, ont surtout cours de Kemmarat à Bassac, où la fabrication en est libre, mais ils tendent à disparaître.

3° MONNAIES DE FER

Le duong, petite barre de fer, aplatie en biseau aux deux extrémités, pesant environ 120 grammes et valant, suivant l'abondance, de quatre à cinq cents. Monnaie très courante chez les Khas du Sud, où elle est très recherchée. Fabriquée au Cambodge, à Kompon-Soai.

4° MONNAIES EN COQUILLAGES

Un chapelet ou vène de ces coquillages appelés bia vaut deux ats. Comme il y a cent coquillages dans chaque chapelet, chacun d'eux vaut donc 0 $ 002. En usage seulement dans le Luang-Prabang.

On remarquera que la monnaie d'or est inconnue au Laos.

Dans beaucoup de régions reculées, les gens convertissent leur argent en bijoux, brisent ces bijoux quand ils ont des achats ou des paiements à faire et se servent de cet argent coupé, qui le plus souvent contient une forte proportion de cuivre, jusqu'à 50 °/₀ quelquefois, pour faire leurs paiements.

POIDS ET MESURES

L'unité de poids au Laos dans les régions muongs, dans la montagne annamitique, est le tael, du moins pour les objets ou les matières précieuses, l'opium en particulier. Ce tael ou bia correspond au lang ou leuong annamite et varie suivant les localités entre 37 gr. 25 et 37 gr. 50.

Au-dessous de lui nous trouvons :

Le Salung-Cak-Tchi-Mu (dông annamite)....	3 gr. 75
Le Houn (phan annamite)	0 gr. 375
Le Phùn (ly annamite).....................	0 gr. 037

Comme multiples, les Laotiens emploient :

Le Khàn, pung, au Hang (nên annamite).....	375 gr.
Le Nan ou Ha-Hoi..........................	600 gr.
Le Phan, Sang ou Cattie...................	1 kil. 200
Le Mune...................................	12 kil.
Le Lam hub (picul) (ta annamite)..........	60 kil.
Le Sène...................................	120 kil.
Le Lane...................................	1.200 kil.
Le Tu ou le Kot...........................	12.000 kil.

Dans quelques contrées Sam-To, Thanh-hoa, etc., la mesure employée habituellement pour l'achat du caoutchouc est le « Yen » qui équivaut à 6 kil. 250. Dix yens, soit 62 kil. 500, forment le picul chinois.

Le picul officiel annamite est de 63 kil. 750, soit le poids de 42 ligatures 5 de sapèques en zinc qui pèsent chacune exactement 1 kil. 500.

BALANCES

Dans la montagne, on se sert généralement encore des anciennes balances chinoises. Elles sont constituées par un fléau de fer, de bois ou d'ivoire, suivant leurs destinations, aux extrémités duquel est fixé d'un côté le plateau, de l'autre un poids mobile sur les divisions du fléau. Les plus fortes peuvent supporter un poids moyen de 30 à 35 kilos; les plus petites, qui servent en général aux métaux précieux, à l'opium, quelques taels seulement.

Les commerçants français ont introduit dans leurs comptoirs les balances européennes, dites « romaines », mais l'indigène de l'intérieur semble leur préférer encore les balances chinoises qui leur permettent de tromper l'acheteur non averti sur le poids réel du caoutchouc apporté aux factoreries.

M. le colonel Tournier, dans sa notice sur le Laos français, nous donne les principales mesures de longueur et capacité :

MESURES DE LONGUEUR

Le Khas : épaisseur d'un grain de riz.
Le Mè-mu : huit Khas, un travers de pouce.
Le Kham : quatre Mè-mu (largeur du poing, le pouce étant replié).
Le Kam-yune, largeur du poing, le pouce étant relevé.
Le Khab : Empan ou douze Mè-mu.
Le Sok : Coudée ou deux Khab.
Le Wa : Brasse ou quatre Sok (1m 70 à 2 mètres).
Le Sène : vingt Wa (40 mètres environ).
Le Niot : 400 Sène (environ 16 kilomètres).

MESURES DE CAPACITÉ

Tchai-mu, ce qui peut tenir sur la paume de la main. Deux cents grains de riz environ.

Cam, poignée = 4 Tchai-mu.

Fai, ce qui peut tenir dans la main ouverte les doigts réunis = 4 Cam.

Kob, ce qui peut tenir dans les deux mains réunies et ouvertes = 4 Fai.

Khanan, capacité d'une noix de coco = 4 Kob.

Boc = 4 Kanan. Cette mesure est faite d'un tube de bambou contenant environ 3 kil. 500 de riz décortiqué.

Tong-thang :	5 Boc, boisseau de.....	17 kil. 500	de riz blanc
Thang :	10 Boc, double boisseau .	35	—
Sène :	10 Thang, volume de....	350	—
Lane :	10 Sène...............	3.500	—

Pour la mesure du temps, qu'il nous suffise de dire que l'unité la plus intéressante, le mois, est calculée d'après les phases lunaires. Du 1er au 15, ce sont les 15 jours de la lune croissante, ensuite ce sont les 1er, 2e et 3e jours de la lune décroissante. Le même terme laotien « dueun » signifie le mois et la lune. Nous n'entrerons pas dans l'étude très compliquée des divisions du temps par années, par cycles de 12 ans, etc. Somme toute, notre année de 365 jours correspond approximativement à l'année laotienne. N'a-t-on pas, du reste, les alternatives régulières de saison sèche et saison des pluies, pour fixer, d'un commun accord avec l'indigène, les dates d'échéances, de remboursement et de livraisons de caoutchouc.

MARCHANDISES DE TRAITE

Les marchandises de traite que les commerçants auront intérêt à posséder dans leurs comptoirs de l'intérieur, soit pour échanger contre le caoutchouc, soit pour diminuer leurs frais généraux par les bénéfices de vente de ces denrées, sont :

Tout d'abord, au Laos et dans la chaîne annamitique, le sel marin provenant des côtes d'Annam. Tout voyageur qui a remonté le Songca et passé quelques jours à Cua-Rao a vu le trafic considérable de ce produit, plus de 500 piculs vendus en 1901 à l'entrepôt de Cua-Rao par exemple, entre 1 $ 20 et 2 $ le picul. Peut-être y aurait-il intérêt pour les Sociétés à se faire expédier de France, des salines de Lorraine, les barres de sel comprimé que j'ai vues résister d'une façon parfaite aux transports par porteurs et par pirogues dans les rivières du Centre Afrique.

Après le sel, c'est l'opium de la Régie et les étoffes qui sont les produits les plus demandés dans la montagne. Quant aux articles suivants cités par M. le colonel Tournier, comme de vente courante au Laos, le commerçant aurait intérêt, sans s'encombrer de stocks importants, à disposer cependant d'un approvisionnement lui permettant de lutter avec les négociants du Siam.

Je crois donc utile d'énumérer tous les produits signalés dans la Notice sur le Laos français :

Tissus légers de soie ou de coton, unis, imprimés, brochés, pour vêtements et tentures; sampots; écharpes, paletots à l'Européenne genre dolman en coton blanc ou flanelle bleue ou noire; pagnes en coton; tricots blancs ou de couleurs variées; ceintures; boutons en nacre, en os, en métal, en corozo; chapeaux d'hommes en feutre ou en paille; parapluies en soie, en coton, en papier huilé; couvertures en coton ou en simili laine blanche, de couleur et à dessins bariolés; allumettes; pétrole; lampes; savon; couteaux; canifs; couverts en fer ou en métal blanc; assiettes, plats, bols, casseroles, cuvettes en fer émaillé, théières et tasses en porcelaine; marmites en fer ou en cuivre; crachoirs en cuivre, en fer émaillé, en porcelaine; cuvettes en cuivre ou en étain; verrerie commune: verroterie multicolore; petits miroirs; petites boîtes en zinc, scies, limes, ciseaux de charpentiers, lames d'outils, outils de menuisier, clouterie, cadenas; fils à coudre de toutes couleurs; fils d'or et d'argent; fils de cuivre; sel; opium; papier indigène; papiers et cahiers européens; crayons; fourrures; thé; bimbeloterie; teintures d'aniline; médicaments; lingots de fer et de plomb.

TRANSPORTS

Les agents disséminés dans l'Intérieur peuvent avoir à assurer le transport du caoutchouc exporté des villages producteurs à leurs factoreries d'une part, enfin de ces factoreries à la Côte.

Ces transports se font selon les régions par terre ou par eau, et le plus souvent en combinant ces deux procédés.

Par terre, ils sont opérés soit à l'aide de coolies recrutés en général dans la province même, soit en utilisant les différents animaux du pays : bœufs, mulets, éléphants.

Les transports à dos d'homme sont certainement les plus pratiques et les moins onéreux. L'Indigène passe partout dans tous les sentiers les plus primitifs de la montagne. Chaque porteur transporte une charge moyenne de 25 à 30 kilos pour le prix modique de 25 à 30 cents par jour. Malheureusement le recrutement de ces porteurs est difficile, surtout pendant la période des pluies, période des cultures. Et c'est à ce moment même que les commerçants ont le plus grand besoin d'expédier sans retard vers la côte les stocks emmagasinés pendant la saison sèche. Quand il faut transporter pendant quelques jours sur un sentier de montagne comme celui qui relie Xieng-Kouang à Tha-Do 40 tonnes environ, total annuel des récoltes du Tranninh, on ne peut espérer, malgré l'aide de l'administration, réunir le nombre de porteurs nécessaires pour l'évacuation rapide de ce produit.

A défaut de routes praticables aux charrettes à bœufs, routes qui n'existaient pas en 1902 dans aucune des zones caoutchoutières de l'Annam et du Laos, force est donc pour les commerçants de se contenter du portage direct par les animaux.

Les éléphants ne sont guère employés qu'au Cammou : il est difficile de recommander ce genre de portage aux Sociétés qui ne trouveraient pas sur place un service tout organisé comme dans cette dernière province. L'éléphant est rare en Indo-Chine. Sa valeur est très élevée, elle varie en général entre 1.000 et 1.200 piastres. Sa surveillance exige un cornac très cher, enfin la lenteur de sa marche et la faible charge acceptée par ce pachyderme, 150 à 200 kilos maximum, rendent ce mode de transport excessivement onéreux.

Les bœufs, d'une valeur moyenne de 20 piastres, semblent avoir été employés avec succès au Tranninh. J'ai vu en 1901-1902 quelques convois organisés par la maison Simon frères et le Comptoir français à Xieng-Kouang. Chaque bête porte environ 60 kilos de caoutchouc et fait une moyenne journalière de 15 à 20 kilomètres de route. Malheureusement les épizooties d'une part, les tigres, les accidents dus au mauvais état des sentiers, toutes ces causes de mortalité viennent augmenter les frais généraux de ce mode de transport.

Les chevaux indigènes n'ont été que fort peu employés pour le transport du caoutchouc. Leur valeur plus élevée que celle des bœufs (40 piastres environ), les mêmes causes de mortalité et d'accidents, enfin leur moindre résistance à la fatigue semblent les rendre inaptes aux transports.

Deux expériences ont été tentées au Laos avec les mulets. La première, par M. Chaussé qui avait acheté à Saïgon une vingtaine de mulets provenant de l'expédition de Chine. La deuxième par la Société « La Laotienne » qui s'était procuré sur la frontière de Chine un certain nombre de ces animaux employés journellement par les caravanes chinoises. Tous deux durent abandonner ce mode de portage. Les mulets étaient trop souvent blessés par les selles, malgré les soins de palefreniers chinois. Les tigres, d'autre part, très abondants dans la montagne, enlevaient fréquemment ces animaux très difficiles à garder le soir sur les routes de convoi. Enfin le haut prix de ces mulets (90 à 110 piastres) rend impratique l'achat et l'entretien d'une cavalerie de cette nature.

Les transports par eau sont opérés sur le Mékong entre Saïgon et Luang-Prabang par la Compagnie des Messageries fluviales de Cochinchine. Cette Compagnie chargeant elle-même ses agents d'acheter du caoutchouc, transporte sans enthousiasme le caoutchouc des commerçants installés sur le fleuve. Elle est du reste très mal installée pour assurer le service de transport des marchandises, puisque son contrat avec l'État la subventionne uniquement pour les transports postaux et les voyages et déplacements des fonctionnaires.

Sur les affluents du Mékong, sur le Song-Ca, sur la Rivière Noire et les nombreux canaux qui sillonnent l'Annam, le service de navigation est effectué par les jonques annamites et les pirogues indigènes. Je ne crois pas devoir décrire ces embarcations dont le commerçant appréciera vite et les avantages et les inconvénients en se rendant dans les factoreries de l'Intérieur. Je me contenterai de reproduire l'arrêté du gouvernement général en date du 26 janvier 1900, réglementant les délais de route et les tarifs de transports pour les fonctionnaires — chiffres qui pourront servir de base aux commerçants.

I. — Tableau *fixant les délais de route pour les fonctionnaires voyageant isolément dans l'intérieur du Laos.*

VOIES FLUVIALES	SAISON des hautes eaux		SAISON des basses eaux	
	Montée	Descente	Montée	Descente
1° Mékong.				
Saïgon-Kratié	3	3	3	3
Kratié-Stung-treng	1	1/2	6	3
Stung-treng-Khong	2	1	2	1
Khong-Bassac	1	1/2	3	3
Bassac-Pak-sédone	1	1/2	1	1
Pak-sédone-Savannakhet	25	5	20	8
Savannakhet-Lakhône-Pak-hin-boun	1	1	2	2
Pak-hin-boun-Pak-san	1	1	1	1
Pak-san-Nou-kay-Vien-tiane	1	1	1	1
Vien-tiane-Pak-lay	8	4	13	7
Pak-lay-Luang-prabang	8	4	13	6
Luang-prabang-Pak-hou	1	1/2	1	1/2
Pak-hou-Ban-lat-han	1	1/2	1	1/2
Ban-lat-han-Xieng-khong	10	4	10	4
Xieng-khong-Xieng-sen	2	1	2	1
Xieng-sen-Tang-ho	2	1	2	1
Tang-ho-Xieng-kot	6	2	6	2
2° Skong, Séane, Srépok.				
Stung-treng-Attopeu	18	4	12	6
Stung-treng-Ban-phi	12	4	15	6
Stung-treng-Ban-don	20	10	»	»
Stung-treng-Lompat	»	»	6	6
3° Sédone.				
Pak-sédone-Kamtong-mai	3	2	3	2
Kamtong-mai-Muong-samia	2	1	2	1
4° Nam-hin-boun.				
Pak-hin-boun-Keng-kiet	3	2	3	2
5° Nam-san.				
Pak-san-Ta-tom	6	3	6	3
6° Nam-suong.				
Luang-prabang-Sop-sat	8	6	8	6
7° Nam-hon-Nam-ngoua.				
Pat-hou-Pak-nam-bac	4	3	4	3
Nam-bac-Dien-bien-phu	10	5	10	5
Pak-hou-Muong-houa	31	6	15	8
8° Fleuve Rouge-Rivière Noire.				
Hanoï-Cho-bo	2	2	2	2
Cho-bo-Van-bu	»	»	12	4
Van-bu-Lai-chau	»	»	8	3
9° Song-ca.				
Vinh-luong-Cai-chanh	6	2	7	2
Luong-cai-Chanh-cua-rao	8	2	7	2
Cua-rao-Tha-do	4	2	4	2
10° Ngan-pho.				
Vinh à Cho-pho	3	2	3	2
Cho-pho-Ha-trai	1	1	1	1
11° Rivière de Hué.				
Hué-Quang-tri	2	2	2	2
Quang-tri-Mai-lanh	3	2	3	2

Les pirogues affrétées par le Gouvernement sont réparties en trois séries A. B. C. Les premières portent de 1000 à 1500 kilos ; les deuxièmes de 250 à 300 kilos ; les troisièmes de 125 à 150 kilos.

Observations. — Sont classées dans la série A les pirogues naviguant sur les rivières suivantes :

Sékong, Srépok, Sésane, Sédone, Nam-hin, Boun, Ngum, Son-ca en aval de Luong-cai-chanh, Ngan-pho, en aval de Cho-pho, rivière de Hué à Quan-tri.

Dans la série B, celles naviguant sur les rivières :

Nam-san, Mékong, en amont de Luang-Prabang, Song-ca, entre Luong-cai-chanh et Cua-rao, rivière de Quang-tri à Ai-lao.

Dans la série C, celles naviguant sur le Nam-hon, Nam-ngoua, Nam-tho, entre Cua-rao et Tha-do, Ngan-pho, en amont de Cho-pho.

Nota. — Pour les trajets effectués sur les rivières, les prix maxima de location sont fixés ainsi qu'il suit, et par jour :

Série A. — 6 coolies à 20 cents ; location pirogue 20 cents ;
— B. — 4 à 5 coolies à 15 cents ; location pirogue 15 cents ;
— C. — 3 à 4 coolies à 15 cents ; location pirogue 15 cents.

Pour les transports par terre, les prix de location sont les suivants :

1° Coolies, 10 à 15 cents par jour, suivant les régions et les coutumes des pays traversés ;

2° Charrettes avec les conducteurs, 60 cents ;

3° Éléphant avec son cornac, 40 cents ;

4° Par suite de dispositions spéciales, le prix de location des coolies entre Mai-lanh et Ai-Lao est de 1 piastre 14 cents pour le trajet et par coolie.

Il est encore intéressant, avant de quitter la question des transports, de signaler le procédé usité depuis 1903 par un agent employé à Luang-Prabang : l'expédition de caoutchouc par colis postaux de 10 kilos à la maison principale d'Hanoï. Le bon marché et la rapidité de ces envois font promptement récupérer à l'expéditeur le prix des sacs de toile nécessaires à ce mode de transport.

II. — Tableau *fixant les délais de route pour les fonctionnaires voyageant isolément dans l'intérieur du Laos.*

VOIES DE TERRE	NOMBRE de journées
Lompat-Ban-don	8
Khône-Khong	1
Khong-Attopeu, par Fiafay	8
Ban-mouang-Kamtong-niai	3
Kamtong-niai-Saravane	3
Saravane-Attopeu	5
Attopeu-Kon-toum	9
Kon-toum-Qui-nhone	6
Kamsong-niai-Song-khône	4
Song-khône-Muong-phin	3
Muong-phin-Lao-bao	3
Lao-bao-Quang-tri	3
Quan-tri-Hué	2
Song-khône-Savannakhet	3
Song-khône-Nam-nao	2
Nam-nao-Savannakhet	2
Keng-kiet-Napé	4
Napé-Hatraï	2
Napé-Nong-pinh	4
Nong-pinh-Pak-hin-boun	3
Pak-san-Ta-tom	4
Ta-tom à Xieng-khouang	4
Xieng-khouang-Luang-prabang	12
Xieng-khouang-Tha-do	4
Khong-Ban-mouang	4
Luang-prabang-Tien-tiane	12
Sop-sat-Muong-son	4
Muong-son-Muong-het	5
Muong-het-Van-bu	4
Lai-chau-Dien-bien	5
Lai-chau-Muong-hou	14
Muong-hou-Muong-houa	7
Muong-hou-Muong-sai	10
Muong-sai-Pak-nam-bac	4
Muong-sai-Vien-poukha	6
Vien-poukha-Xieng-khong	5
Vien-poukha-Muong-sing	4
Muong-sing à Xieng-kok	4
Vien-poukha-Muong-luong-Nam-ta	3
Ban-lat-han-Muong-sai	7

CONSERVATION ET EMBALLAGE

Pour la conservation du caoutchouc dans leurs comptoirs de l'Intérieur, les Sociétés ont intérêt à faire construire des bâtiments spéciaux. Ces cases, pour permettre la dessiccation de ce produit, devront être largement aérées. Les ouvertures destinées au passage de l'air seront pratiquées sous la vérandah entourant la construction, pour que l'intérieur soit plongé dans une demi-obscurité.

De grandes claies en bambous ou en fils de fer permettront d'étendre les stocks nouvellement achetés jusqu'au jour d'expédition où ils seront seulement mis en sac. L'agent devra veiller, en répandant le caoutchouc sur les claies, à ce que les boules ou boudins ne se touchent pas. Il serait même utile qu'un premier triage sépare tous les produits qui commencent à devenir poisseux.

Pour les pelotes et les lianes, je crois inutile de recommander le passage dans une solution antiseptique; mais pour les boudins et les gâteaux, il me semble qu'il serait avantageux, dans les provinces où la main-d'œuvre peut se trouver sans difficulté, de faire sectionner les grosses masses en petits cubes, de les passer dans la solution au crésyl employée par « la Laotienne » et de les laisser sécher ensuite avant leur mise en sac.

En tout cas, avant l'emballage définitif en sac ou en caisses, le commerçant fera bien de trier soigneusement son caoutchouc et de le diviser en trois sortes : caoutchouc ayant tourné au gras, caoutchouc légèrement poisseux, caoutchouc prima. Les prix très rémunérateurs de cette dernière sorte compenseront largement les frais de manutention.

Quant aux conseils généraux par lesquels je dois conclure cette rapide étude, ils seront courts.

Il me semble que les Sociétés françaises agiraient sagement en augmentant d'une façon générale la solde des agents qu'ils envoient dans l'Intérieur, en les intéressant surtout, d'une façon plus large, aux bénéfices réalisés. S'il n'y a pas d'hommes indispensables en Europe, aux colonies, au contraire, les hommes sont tout, et le sort de toute grande Compagnie est le plus souvent lié à l'activité, à l'intelligence d'un seul employé.

A l'employé, qui partira dans la forêt annamitique ou sur les plateaux laotiens, je conseillerai tout d'abord d'apprendre la langue du pays. Le laotien et le cambodgien ne sont pas difficiles ; du moins ce qu'il est nécessaire de connaître pour les besoins de la vie et du commerce. Pour l'annamite, langue plus complexe, il serait utile que les agents en apprennent suffisamment pour se passer des interprètes, ou tout au moins pour pouvoir contrôler leurs dires. Quant aux coutumes, aux mœurs indigènes, l'agent intelligent s'en instruira rapidement en vivant quelques mois dans l'Intérieur. Le point important est d'apporter dans toutes les relations commerciales avec l'Annamite et le Laotien, l'honnêteté la plus stricte, le respect de la parole, des engagements oraux, pratiqué du reste, d'une façon extrêmement rigoureuse par leurs concurrents, les commerçants chinois.

INDEX BIBLIOGRAPHIQUE

ACHARD .... Note sur une liane d'Indo-Chine. *Rev. Cult. coloniales*, n° 57, 20 juill. 1900.

— Sur les lianes du Haut Laos. *Bull. économiq. d'Indo-Chine*, 1902, nos 2 et 3.

AYNARD .... Études sur la famille des Apocynées. *Thèse Pharm.*, Montpellier, 1889.

BAILLON............ *Histoire des Plantes*, t. X, p. 146.

BARY (DE).......... *Vergleichende Anatomie*, 1877, p. 93, 141, 190, 210.

BEAUREGARD........ Des organes glandulaires des végétaux. *Thèse d'agrég. Pharm.*, Paris, 1879.

BENTHAM ET HOOKER.. *Genera Plantarum*, t. II, p. 680.

BIFFEN............. The functions of latex. *Ann. of Botany*, vol. XI, n° 42, p. 334.

BLONDEL............ Graine et écorce de Conessie. *Les Nouveaux Remèdes*, 1887, p. 427.

BREBNER .... *Linnean Society's, Journal Botany*, vol. XXX, p. 444.

BROWN.............. *Mém. Soc. d'Edimbourg*, vol. I.

CANDOLLE (DE)...... Des Apocynées. *Prodomus*, VIII, p. 317.

CAPUS.............. Sur une liane d'Indo-Chine. *Bull. économiq. d'Indo-Chine*, 1901, n° 76, p. 521.

CATHELINEAU........ L'ouaibao. *Thèse Pharm.*, Paris, 1890.

CHAUVEAUD (G.)..... Recherches embryogéniques sur l'appareil laticifère. *Ann. Sc. Nat.*, série 7, 1891, t. XIV, p. 98.

CHIMANI............ Untersuchungen über Bau und Anordnung der Milchröhren. *Bot. Centralbl.*, 1895, t. 1, p. 449.

COQUI.............. Sur les lianes d'Indo-Chine. *Bull. économique de l'Indo-Chine*, 1er oct. 1900.

COUSSOT ET RUEL.... Douze mois chez les sauvages du Laos. Challamel, Paris.

DAVID.............. Ueber die Milchzellen der Euphorb., Apocyn., etc. Breslau, 1871.

DE REINACH......... Le Laos. Charles, Paris, 1901.

DIPPEL............. Entstehung der Milchsaftgefässe. Rotterdam, 1865.

DON (G.)........... *Gen. Syst.*, IV, p. 76.

DOULIOT............ *Ann. Sc. Nat.*, série 7, t. X, 1889, p. 378.

Gosselin........... Le Laos Français. Paris, Perrin, 1900.
Hooker............. *Icones Pl.*, 3e série, vol. III, p. 22.
Karsten............ *Flora Columb.*, I, 1858, p. 61.
Kerner............. *Pflanzenleben*, t. I, 1887, p. 276 et 285.
Krabbe............. Strukt u. Wachst. vegetab. Zell. in *Pringsh. Jahrb.*, t. XVIII, p. 346-421.
Jadin.............. Organes sécréteurs des végétaux. *Thèse Pharm.*, Montpellier, 1888.
Jumelle (H.)....... *Revues des Cultures coloniales*, 5 juillet 1901-20 juin 1902.
— *Plantes à caoutchouc*. Paris, Challamel, 1903.
Leblois (Mlle)..... Canaux sécréteurs et poches sécrétrices. *Ann. Sc. Nat.*, 1887, p. 247.
Leonhardt.......... Beiträge zur Anat. der Apocyn. *Bot. Centralbl.*, 1891, I, p. 33 sq.
Ludwig............. Zur Biologie der Apocyneen. *Bot. Centralblat.*, VIII, 1893.
Maheu (J.)......... Recherches anatomiques sur les Ménispermacées. *Journal Bot.*, t. XVI, no III, 1902.
Macey.............. *Revue des Cultures coloniales*, no 57, 20 juillet 1900.
Faivre............. Recherches sur la formation du latex. *C. R. Ac. Sc.*, 1866, 1er semestre; *Ann. Sc. Nat.*, 1866, t. VII, p. 33.
Garcin............. Recherches sur les Apocynées. *Ann. Sc. bot. Lyon*, 1888, ann. XV, p. 197-448.
Gaucher............ Rech. sur les Euphorb. *Thèse. Doct. Sc.*, Paris, 1902.
Grélot............. Végétaux producteurs de caoutchouc. *Th. agrég.*, Paris, 1899.
Groon.............. On the function of laticiferous tubes. *Annals of Botany*, vol. III, no 10, 1889.
Grevillius......... In *Engler*, *Bot. Jahrb.*, t. XXII, 1896, p. 77.
Guignard........... Des Colorants. *Journal de Bot.*, janv. 1904, 18e ann., no 1, p. 14.
Haberland.......... Physiologische Anatomie der Milchröhren. *Sitzungsber. Kaiserl. Akad. der Wissensch.*, 1883.
Hanstein (J.)...... Die Milchsaftgefässe. Berlin, 1864. *Ann. Sc. Nat.*, 7e série, 6, p. 508.
Hartig............. Naturgeschichte der Holzgewächse. *Bot. Zeit.*, 1853, p. 533; 1854, p. 51; 1862, p. 99.
Heim (Dr).......... *Travaux du Laboratoire de l'Office du Commerce*, 1901.
Hérail............. *C. R. Ac. Sc.*, avril 1891.
Mercatili et Pirotta. Ancora sui rapporte tra i vasi laticiferi ed el sistema assimilatore. *Ann. R. Instit. Bot. di Roma*, 1886, fasc. 2, avril 1886.
Mesnard............ Recherches sur la formation des huiles grasses. *Ann. Sc. Nat.*, 1893, t. XVIII, p. 383.
Mirbel (De)........ Défense de sa théorie. Paris, 1809, *Ann. Sc. Nat.*, série II, t. III, p. 143.

MÖLLER .... Holzanatomie u. Rindenanatomie. *Deutsch. Wiener Akad.*, 1876, p. 52, et 1882, p. 164-174.

MORELLET .... Le caoutchouc, ses origines botaniques. *Thèse Pharm.*, Paris, 1884.

MORRIS (Dr) .... *Plantes produisant le caoutchouc.* Trad. Pynaert, Bruxelles, 1889.

MULLER (FR.)......... *Bot. Zeitung*, 1843, p. 58.

MULLER (VON)........ *Flora Brasiliensis*, VI, 1, p. 3.

MOHL (DE)........... Ueber den Milchsaft und seine Bewegung. *Bot. Zeitung*, 1843, p. 553.

OLIVER.............. Flora of Tropical Africa.

PAYRAU.............. Recherches sur les Strophantus. *Thèse Pharm.*, Paris, 1900.

PAX................. In *Engler. Bot. Jahrb.*, t. V, 1883.

PETERSEN............ In *Engler. Bot. Jahrb.*, t. III, 1882, p. 384-385.

PFITZER .... *Pringsh. Jahrb.*, t. VIII, 1872, p. 49-139.

PIERRE.............. *Revue des Cultures coloniales.* Paris, 20 octobre 1902.

— *Bulletin de la Soc. Linn. de Paris*, vol. II, p. 35.

PLANCHON .... *Matière médicale*, famille des Apocynées. Montpellier, 1894, p. 364.

— Prod. fournis par la fam. des Apocynées. *Thèse Agrégation*, Paris, 1894.

PERROT.............. Contribution à l'étude des Lauracées. *Thèse Doct. Pharm.*, Paris, 1891.

— Prod. fournis par les Asclépiadées (*Manuscrit pour le prix Menier*. École S. Pharm.). Paris.

— Sur le mode de formation des ilots libériens intraligneux des Strychnos. *Bull. Soc. Bot. France*, 3e série, t. II, 1895.

PICANON (EUG.)...... Le Laos Français. Paris, Challamel, 1901.

PRILLEUX............ Études sur les formations gommeuses. *Ann. Sc. Nat. Bot.*, 5e série, t. I.

QUINTARET........... *Mémoire à l'Acad. des Sciences*, 17 février 1902.

RAQUEZ (A.)......... Pages laotiennes. Hanoï, Schneider, 1900.

ROXBURG .... *Flora of Ind. or descript. of Ind. plants*, 1832, vol. 2.

SALAUN (LOUIS ...... L'Indo-Chine. Imprimerie Nationale, 1903.

SCHACHT............. Die Pflanzenzell. *Bot. Zeitung*, 1851, p. 513.

SCHENCK............. *Anatomie der Lianen.* Leipzig, 1893, p. 202-204.

SCHMALHAUSEN....... Milchsaft. *Mém. de l'Ac. imp. des Sc. de Saint-Pétersbourg*, 7e série, t. XXIV, no 2, 1877.

SCHMIDT............. Euphorbiacées, Des laticifères. *Thèse*, Paris, 1880.

SCHLEIDEN .... *Grundzüge der wissenschaftl. Bot.* 4 Aufl., 1861, p. 142.

SCHULTZ............. *Mém. des Savants étrangers, Ac. des Sciences*, 1841, p. 1 à 104.

SCHUMANN .... Dans *Engler et Prantl. Natürl Pflanzenf.*, t. IV, no 2, 1895, p. 111. Ergänzung, 1, 1900, p. 54.

SCHWENDENER........ Einige Beobacht, an Milchgefäss. *Sitzungsb. der*

Königl. Akad. der Wissensch. zu Berlin, XX, 1885, p. 323.

SCOTT ET BREBNER.... *Annal. of Bot.*, vol. V, 1891, p. 283-286.

SOLEREDER .... *Syst. Anat. der Dicotyled.*, Stuttgart, 1899, p. 597.

— Sitzsber. d. d. bot. Gesellsch., 1890.

SPIRE (C.)......... Sur les lianes du Laos. *Bull. Ec. Indo-Chine*, déc. 1902, nº 12.

TOURNIER.......... Notice sur le Laos Français. Hanoï, 1900. Schneider.

TRÉCUL .... Des laticifères dans les Campanulacées. *Adansonia*, t. VII, p. 164-169, 208-212.

Ann. Sc. Nat., t. V, VI et VII.

Compt. Rend., 1865, t. LX, p. 156 et 199.

— De la présence du latex dans les vaisseaux réticulés, etc. *Ann. Sc. Nat. Bot.*, série IV, t. VIII, 1857, p. 289.

TREUB............. Notice sur l'amidon dans les laticifères, *Ann. Jard. Bot. Brit.*, Leide, 1882, nº 37.

— *Compt. rend. du 1er Cong. d'Hist. nat. d'Amsterdam*, 1888, p. 131.

TREVIRANUS.......... Beiträge zur Pflanzenphysiologie, 1811, I, p. 137.

— Ueber den eigenen Saft der Gewächse. *Zeitschr. f. Phip.*, I, 1824, p. 147.

TSCHIRCH........... *Angewandte Pflanzenanatomie*, p. 518. Wien und Leipzig, 1899, o. 518.

UNGER.............. *Annalen des Wiener Museums*, t. II, 1840, p. 10-11.

VALETON .... Les Ochrosia de Buitenzorg. *Annal. Jard. bot. de Buitenzorg*, vol. XII, p. 217.

VAN TIEGHEM .... *Annales Sc. Nat. Bot.*, 5e série, VI, 1866.

— *Traité de Botanique*, Paris, 1891, p. 623-624.

VESQUE............. *Annales des Sc. naturelles*, 6e série, t. II, 1875, p. 82.
— t. VIII, 1879, p. 265.
7e série, t. I, 1885, p. 278.

VOGL .... Ueber die Intercellularsubstanz und die Milchaftgefäss. in der Wurzel, etc. *Jahrbüch. für wissensch. Botanik*, Berlin, p. 31, 1866.

INDEX ALPHABÉTIQUE

TABLE DES PLANCHES

ET DES FIGURES

TABLE DES MATIÈRES

PREMIÈRE PARTIE

DEUXIÈME PARTIE

ANNEXE

RENSEIGNEMENTS GÉNÉRAUX

MACON, PROTAT FRÈRES, IMPRIMEURS

MACON, PROTAT FRÈRES, IMPRIMEURS

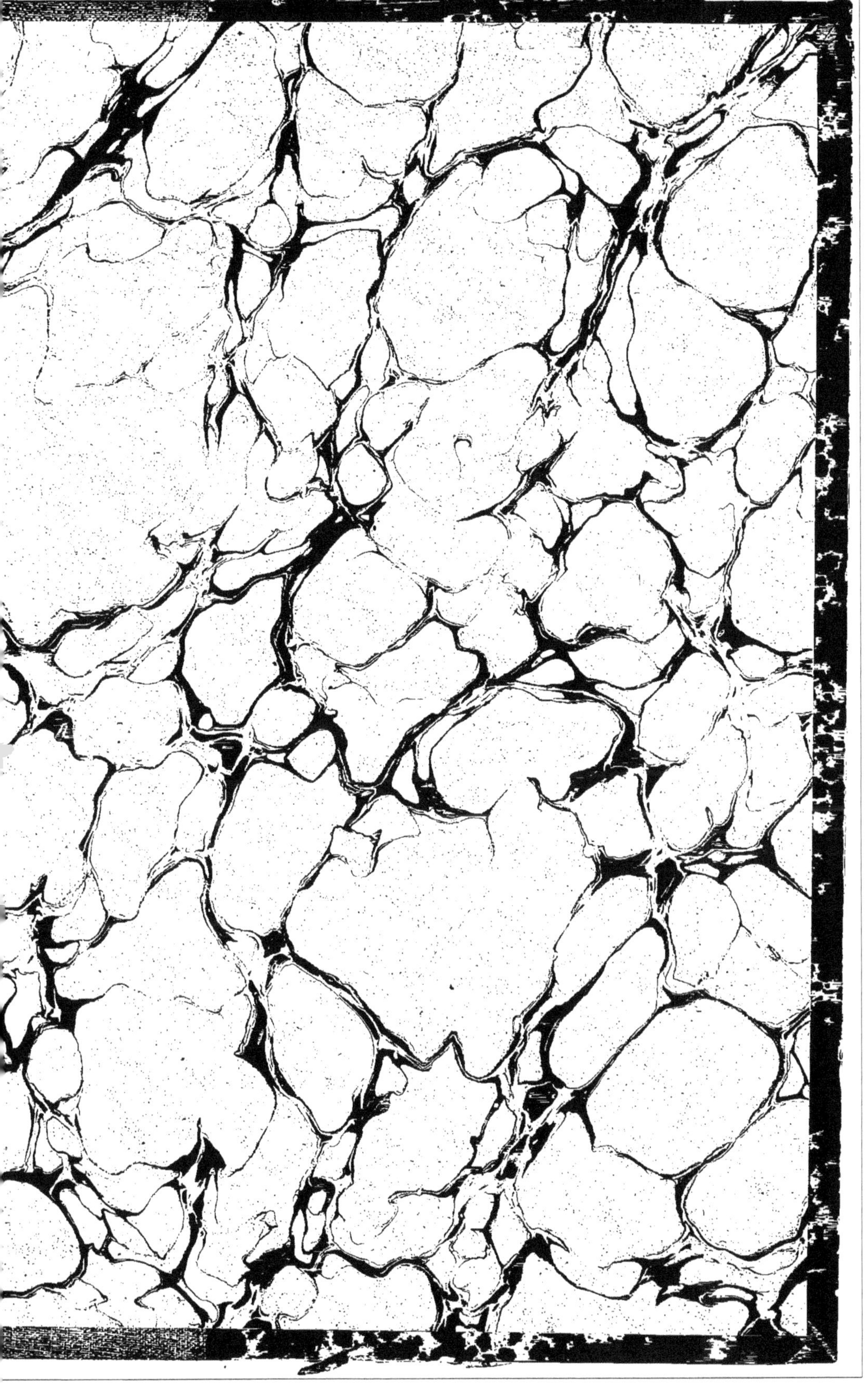

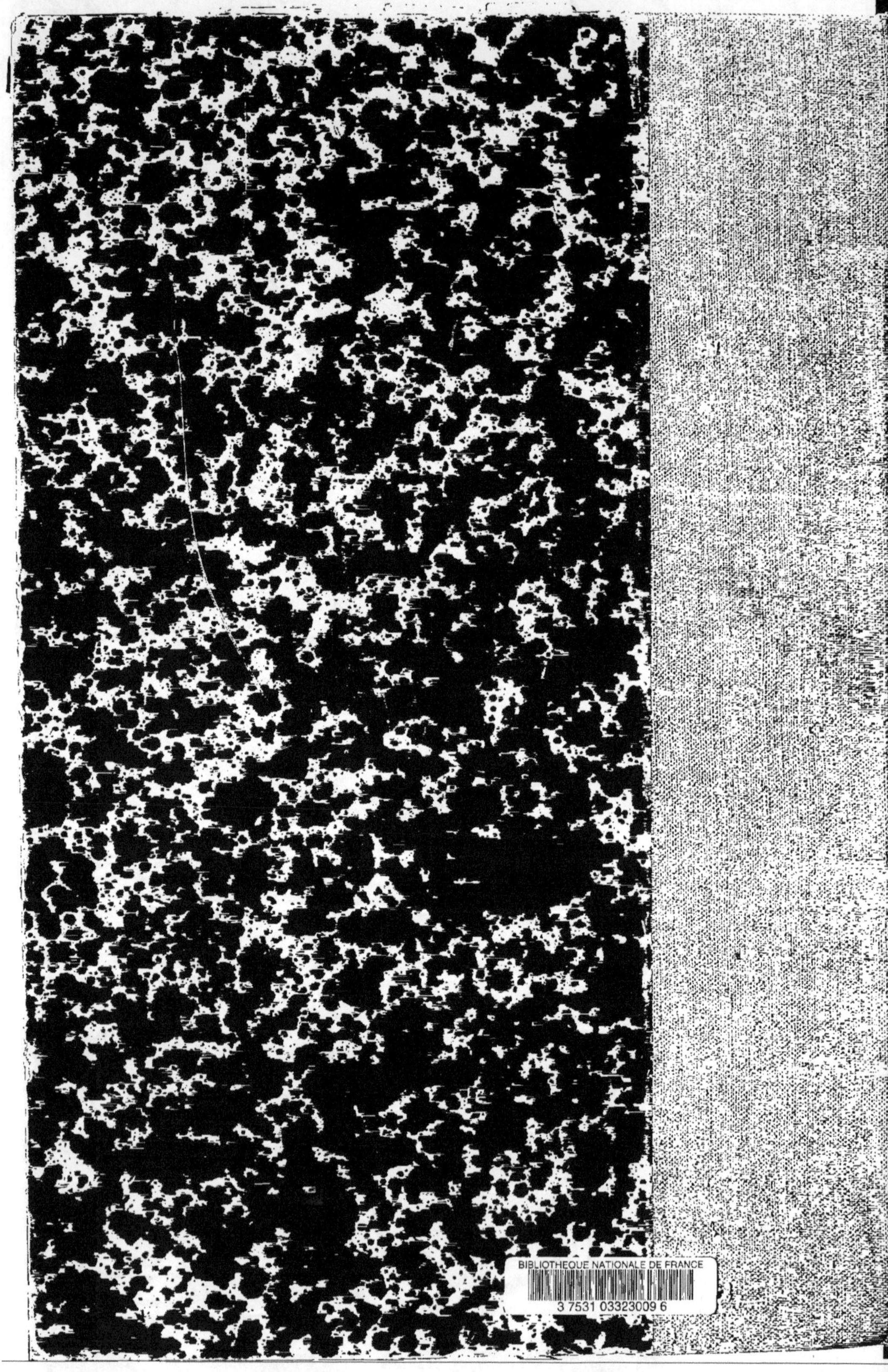

www.ingramcontent.com/pod-product-compliance
Ingram Content Group UK Ltd.
Pitfield, Milton Keynes, MK11 3LW, UK
UKHW020205250726
13967UKWH00003B/1273

9 782011 932495